RAPPORT

DE LA COMMISSION EXTRAORDINAIRE

DE L'EXAMEN DES COMPTES DE L'ATHÉNÉE

DE LA VILLE DE TURIN

AU GÉNÉRAL MENOU

ADMINISTRATEUR GÉNÉRAL

DE LA 27.ᵉ DIVISION MILITAIRE

AVEC UN INDEX COMPLET.

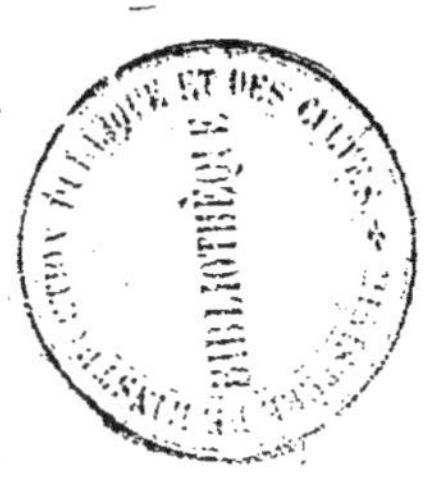

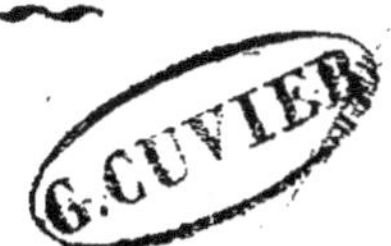

TURIN, *(alors en France)*

EN L'AN XII DE LA RÉPUBLIQUE FRANÇAISE. (1803.)

PAR L'IMPRIMERIE PHILANTROPIQUE.

LA COMMISSION EXTRAORDINAIRE

DE L'EXAMEN DES COMPTES DE L'ATHÉNÉE

AU GÉNÉRAL MENOU

ADMINISTRATEUR GÉNÉRAL

DE LA 27.ᵉ DIVISION MILITAIRE.

Turin, le 10 brumaire an 12.

CITOYEN ADMINISTRATEUR GÉNÉRAL,

Nous avons l'honneur de vous transmettre le rapport général de nos opérations.

On n'est parvenu, qu'avec la plus grande difficulté, et que peu-à-peu, à rassembler les comptes, les pièces à l'appui et tous les renseignemens nécessaires pour leur vérification.

Ce n'est que le vingt-huit prairial dernier que le compte de l'an 11 du citoyen Giraud, ci-devant directeur du Prytanée, nous a été présenté.

La lecture du rapport ne tardera pas à vous convaincre, que tout ce travail n'a pu être fait qu'avec lenteur, parce que, si rien n'est si aisé et de si tôt fait que de vérifier des comptes tenus en bonne et due forme, rien n'est aussi plus long et plus laborieux, que de débrouiller des comptabilités obscures et irrégulières.

iv

Ces motifs joints aux occupations habituelles que d'autres devoirs imposent aux différens membres de la Commission, vous persuaderont encore plus, citoyen Administrateur Général, que le travail de la Commission a été accéléré autant que la nature des choses et des circonstances pouvaient le permettre.

Nos travaux, quant à l'examen des comptes, sont terminés.

A l'égard de la surveillance qui nous est attribuée sur l'Administration économique de l'Athénée en remplacement de l'ancien Conseil supérieur, ou l'existence de ce corps surveillant n'est plus nécessaire, ou elle peut maintenant être déléguée au bureau d'Administration indiqué par la loi du 11 floréal an 10.

Nos occupations d'ailleurs ne nous permetteraient plus de continuer dans ces fonctions. Nous vous prions, citoyen Administrateur Général, de donner au plutôt vos sages dispositions sur cet objet, et nous avons l'honneur de vous saluer avec respect.

Signés — CAVALLI Vice-Président au Tribunal d'Appel séant à Turin — J. LAUGIER, Maire — J. NEGRO, membre de la Commission des Hospices — L. BERTONE membre du Conseil départemental du Pô — DAL POZZO, Substitut du Commissaire du Gouvernement près le Tribunal d'Appel.

Le Secrétaire de la Commission extraordinaire

J. M. FRANCHI.

INDEX

Avec un précis des matières plus essentielles contenues dans les différens chapitres, et dans les notes.

TROISIÈME PARTIE.

De l'examen des comptes de l'an 9 et de l'an 10, et d'une partie de l'an 11, du Prytanée divi-

* *

QUATRIÈME PARTIE.

néral pour lui proposer sur l'excédant des revenus
de l'Athénée des assignations annuelles en faveur
du théatre des arts, et de l'école d'équitation. —
Système de comptabilité changé. — Procès terminés. — Dettes presque toutes soldées. — Assignations et traitemens mis au courant. — Nécessité de
l'approbation du bilan pour les deux derniers trimestres de l'an 11, et que le bilan des années
subséquentes soit toujours formé et approuvé d'a-
vance. — Inconvéniens qui résulteraient du partage
du patrimoine de l'Athénée entre les différens établissemens scientifiques. — Avantages de l'unité
d'administration. — Les membres des établissemens
ne doivent point avoir une part directe à la gestion.

CATALOGUE

Des Tableaux joints au rapport.

A. ETAT des sommes fixes annuelles, réduites en francs, allouées par l'ancien Gouvernement aux établissemens de sciences et d'arts de la Ville de Turin.

B. TABLEAU des séances du Conseil supérieur de l'Athénée, et ses rapports avec l'ancien Jury d'instruction publique.

C. ETAT des sommes portées sur le bilan de l'an 10, qui ne dûrent point se payer pour des événemens imprévus.

D. ETAT des sommes, qui à l'époque du 30 niyôse an 11, c'est-à-dire à l'expiration de l'année financière 10, restèrent à payer pour l'exercice de cette année et de l'année précédente.

E. TABLEAU des denrées achetées et autres dépenses faites par le Prytanée de Turin dans les années 9, 10 et 11.

F.* ETAT des journées de subsistance des pensionnaires du Prytanée de Turin pour les années 9, 10 et 11.

---

* Les deux états des journées de subsistance des pensionnaires, des boursiers, des employés, des domestiques du Collège ou Prytanée existent

G. ETAT des journées de subsistance des boursiers du Prytanée de Turin pour les années 9, 10 et 11.

H. DÉMONSTRATIONS de la quantité de pain journellement consumée au Prytanée, depuis le 1.er floréal à tout le 15 messidor an 11.

J. TABLEAU général de la recette et dépense du Prytanée de Turin dans les années 9, 10 et 11.

à la suite du rapport original adressé à l'Administrateur Général, ainsi que dans la copie du même rapport insérée au procès-verbal de la Commission extraordinaire du 10 brumaire an 12. On n'a pas jugé à propos d'imprimer ces deux cahiers, attendu leur volume : ils contiennent individuellement le nom de chaque élève, le jour de son entrée au Collège et de sa sortie, les différens payemens faits par chaque pensionnaire, et à côté de chacun d'eux le nombre de ses journées de subsistance, conformément aux bases établies dans la troisième partie, chap. II, art. I, pag. 76. Tous ces détails embrassent les trois années 9, 10 et 11. Dans le cahier T. il existe au surplus pour chaque année le parallèle de la recette des pensions portées dans les comptes des trésoriers et de l'économe Marchisio, qui en a fait le recouvrement, avec le total de cette recette qui résulte du registre des pensionnaires, et des quittances à ceux-ci délivrées. On sent par-là de quelle étendue doivent être ces cahiers.

Tout ceux, à qui cela peut appartenir, ou qui peuvent y avoir intérêt, auront certainement la faculté de consulter ou l'original de ces états ou la copie, dont il est parlé ci-dessus, ainsi que d'en vérifier le contenu d'après les registres. Mais puisqu'il en serait résulté une dépense excessive d'impression ; on a cru de pouvoir les omettre, de la même manière qu'on n'imprime pas ni les comptes originaux, ni tant d'autres pièces énoncées dans le rapport. On s'est donc contenté d'exprimer dans l'article précité le résumé de ces journées distinctement par chaque classe, et par chaque année.

ERRATA.	CORRIGE.
P. 6 lig. 27 intacte	intact
P. 12 lig. 23 somme de	somme annuelle de
P. 18 lig. 2 qui lui assura	qui lui assurât
ibid. lig. 24 Viancini, Pochettino	Viancini, Incisa, Pochettino
P. 19 lig. 4 chap. I. p.)	chap. I. p. 44)
ibid. lig. 15 ainsi qu'il dit	ainsi qu'il est dit
P. 21 lig. 1 art. 3 p.)-	art. 3 p. 97)
P. 26 lig. 14 et l'hydraulique (étude	et l'hydraulique spécialement (étude
P. 52 lig. 15 Il n'y paraît pas	Il ne paraît pas
P. 45 lig. 1 Commenderie	Commanderie
ibid. lig. 6 Commenderies	Commanderies
P. 54 lig. 25 objes	objets
P. 57 lig. 9 et 10 Commenderie	Commanderie
P. 64 lig. 10 guères	guère
ibid. lig. 26 16 5 , en voici	16 5. En voici
P. 67 lig. 2 un sursis de tous	Une surséance à tous
P. 72 lig. 6 ce qui etait pratiqué	ce qui s'etait pratiqué
ibid. lig. 8 qui s'etait nommé	qui était nommé
P. 82 lig. 3 en consuma	en-consume ...
P. 89 lig. 1 entierèment	entièrement
P. 93 lig. 4 La dépense torale	La dépense totale
ibid. lig. 21 ou a cru	on a cru
P. 101 lig. 22 L'existence	L'existence
P. 113 lig. 8 repportée	rapportée
P. 122 lig. 19 nécessitaient encore un sursis	nécéssitaient encore un délai.
ibid. lig. 25 le fond de caisse	le fonds de caisse
P. 124 lig. 20 de l'excédent	de l'excédant

ERRATA. — CORRIGÉ.

Référence	ERRATA	CORRIGÉ
P. 5 lig. 27	intact	intact
P. 12 lig. 35	somme de	somme annuelle de
P. 18 lig. 2	qui lui assura	qui lui assurât
ibid. lig. 24	Visacini, Invino,	(Visacini, Invino, P. Cheftini, chap. I, p. 44)
P. 19 lig. 4	chap. I, p.)	
ibid. lig. 15	ainsi qu'il est dit	ainsi qu'il est dit
P. 21 lig. 1	art. 5 p.)	art. 5 p. 97)
P. 26 lig. 14	et l'hydraulique (étude	et l'hydraulique spécialement (étude
P. 52 lig. 5	Il n'y paraît pas	Il ne paraît pas
P. 45 lig. 1	Commande)	Commanderie
ibid. lig. 6	Commandantes :	Commanderies
P. 51 lig. 25	objets	objets
P. 54 lig. 9 et 10	Commenderie	Commanderie
P. 64 lig. 10	guère	guère
ibid. lig. 26	16 5, on voici :	16 5. En voici :
P. 67 lig. 2	La sureté de tous	Une survivance à tous
P. 72 lig. 6	ce qui était pratiqué	ce qui s'était pratiqué
ibid. lig. 8	qui était nommé	qui était nommé
P. 89 lig. 1	entièrement	entièrement
P. ...	La dépense totale	La dépense totale
ibid. lig. 21	cu à cu	cu à cu
P. 101 lig. 22	L'existence	L'existence
P. 115 lig. 8	rapportée	apportée
P. 122 lig. 19	nécessitant encore un	nécessitant encore un délai
ibid. lig. 25	le fond de caisse	le fonds de caisse
P. 124 lig. 29	de l'excédant	de l'excédant

CITOYEN ADMINISTRATEUR GÉNÉRAL;

PAR l'arrêté du 22 nivôse an 11, nous avons été chargés d'examiner les comptes de l'Administration Economique de l'Athénée, et de vous présenter un rapport circonstancié sur toutes les parties de sa gestion ;

De nous occuper de la vérification de toutes les parties du domaine de l'Athénée, des revenus de tout genre qui en proviennent, et des dépenses auxquelles ces revenus ont dû fournir, depuis la dotation de l'établissement jusqu'à l'an 11, en vertu des assignations légales, ou des autorisations émanées de l'autorité publique.

Par un autre arrêté du 4 pluviôse nous avons été chargés de procéder à l'examen de la gestion actuelle des biens et revenus mis à la disposition de l'Administration Economique de l'Athénée, et affectés aux différentes branches d'enseignement public ;

De procéder aussi à l'examen du mode d'enseignement qui avait lieu dans l'Athénée national et dans le Prytanée divisionnaire, et de vous proposer, s'il y avait lieu, sur ces objets les mesures convenables pour assurer à la 27.ᵉ division militaire les bienfaits qu'elle doit retirer de ces intéressants établissemens.

Un autre arrêté du 14 ventôse dernier, qui fit cesser les fonctions du Conseil Supérieur de l'Athénée, porte que la

2

Commission extraordinaire créée par l'arrêté du 22 nivôse exercerait toutes les fonctions, et aurait toutes les attributions qui appartenaient au Conseil susdit :

Il y est dit aussi, que la Commission, les parties prénantes entendues, formerait le bilan des dépenses de l'Athénée et autres etablissemens d'instruction publique pour l'an onze, et le présenterait à l'Administrateur Général pour être arrêté par lui définitivement :

Que dans le cas de dépenses imprévues non portées sur le bilan, l'Administration Economique de l'Athénée s'adresserait à la Commission extraordinaire, qui délibérera sur ses demandes, et en ordonnera, s'il y a lieu, le mode de payement, d'après une autorisation spéciale de l'Administrateur Général.

Nous venons vous soumettre, Citoyen Administrateur Général, les résultats de nos travaux.

Le systéme actuel de l'Athénée se rattachant en partie à l'ancien état de l'instruction publique en Piémont, il nous a paru convenable de faire précéder ce rapport par des observations préliminaires et rapides, qui vous présentassent dans un seul cadre tous les anciens établissemens créés pour l'instruction, l'éducation publique, et les beaux arts ; les rapports qui existaient entr'eux ; leurs lois et réglemens ; les autorités qui les dirigeaient et les surveillaient ; les fonds affectés à chacun d'eux, et les changemens qui s'y sont opérés successivement.

Cette exposition préalable, en même tems qu'elle éclaircira tous les objets dont nous aurons à vous entretenir, est, selon nous, le meilleur témoignage de reconnaissance qu'on puisse offrir au Gouvernement pour tous les bienfaits, qu'il assure à la 27.ᵉ division militaire en ce qui concerne la culture des sciences et des arts. En effet si nous comparons ce que nous avions autrefois en ce genre, avec tout ce que nous possédons aujourd'hui, il n'y a pas de doute que le parallèle soit à l'avantage des nouveaux établissemens.

Nous avons l'espoir le mieux fondé de voir tous ces établissemens conservés: parce qu'il est de l'essence d'un Gouvernement juste et libéral d'étendre plutôt et de multiplier ses bienfaits, que de les retirer: et parce que telle est aussi la nature des tems et des circonstances, que nous aurions effectivement perdu, si nous n'avions pas gagné sur l'ancien ordre de choses. Les traitemens des professeurs et autres employés, fixés dans des tems plus reculés, les anciennes assignations ou dotations seraient absolument insuffisantes aujourd'hui, vu les changemens survenus dans la valeur respective de l'argent et des effets commerçables de tout genre. Les étonnans progrès qu'ont faits les sciences et les arts dans ces derniers tems, nécessitaient d'autre part la création de nouvelles branches d'enseignement, de nouveaux moyens de culture et de perfectionnement. Leur privation nous aurait tenu en arrière du reste de l'Europe scientifique: et cette contrée, jusqu'à cette heure si florissante et si féconde en hommes célèbres, serait déchue de son ancienne splendeur.

La conservation de ces importans établissemens est assurément un grand bienfait envers les habitans des six nouveaux départemens. Mais, nous osons le dire, il ne sera pas sans une grande utilité non plus pour tout le reste de l'empire Français. D'ici à quelques années on désignera cette belle portion de la France, la France Italique, comme l'entrepôt

4

des connaissances de deux pays également cultivés, également
célèbres, et dont les Muses paraissent avoir fait leur plus
délicieux séjour.

Après les notions préliminaires, dont nous venons de parler, nous rappellerons succinctement tout ce qui s'est passé à
l'occasion des recherches sur le mode d'enseignement, et les
mesures qui ont été prises par l'autorité supérieure. Ce sera
l'objet de la première partie du rapport.

La seconde contiendra l'examen des comptes des années 9.
et 10 de l'Administration Economique de l'Athénée.

La troisième est destinée à l'examen des comptes des années.
9 et 10, et d'une partie de l'an 11 du Collège ou Prytanée
divisionnaire.

Les comptes rendus et toutes les autres pièces, sur lesquelles
ces parties du rapport sont basées, ont été déposées par nous
dans les bureaux de l'Administration Economique de l'Athénée.

Si vous le jugerez nécessaire, elles seront consignées, d'après
un inventaire exact, dans les mains de telle autorité qu'il
vous plaira de désigner.

Quant à l'examen des comptes, nous ne prétendons pas,
Citoyen Administrateur Général, ni de grever qui que ce soit
d'une comptabilité définitive, ni d'en décharger personne. En
thèse générale, nulle comptabilité à charge peut être arrêtée,
sans entendre le comptable: elle doit être débattue contra-
dictoirement. C'est l'affaire des tribunaux, lorsque le Gouvernement juge à propos de renvoyer les comptables devant eux.

Nous ne sommes ni accusateurs, ni juges. La Commission
extraordinaire est un conseil, dont l'Administrateur Général
a voulu s'entourer pour examiner la comptabilité générale de

l'Athénée. Nous avons pris des renseignemens : nous avons rassemblé des faits, que nous croyons vrais, et que cependant nous ne garantissons pas : quelque fois sur ces faits, comme sur une hypothèse donnée, nous avons établi une comptabilité. Nous n'avons cherché que la vérité : mais, malgré toute la pureté de nos intentions, nous pourrions bien avoir été trompés. Notre travail n'est donc qu'une série d'observations propres à préparer et éclairer la discussion, si elle doit avoir lieu. Tel a été le but de la création de la Commission. Nous espérons de l'avoir rempli.

Notre impartialité peut d'autant plus être assurée à vos yeux, Citoyen Administrateur Général, que les habitudes et les occupations de chacun de nous n'ont jamais eu de rapport avec l'Athénée.

*Nous avons borné notre examen à la comptabilité de l'Administration Economique, et à celle du Prytanée divisionnaire : car, quant à l'Académie des sciences, il a été décidé que la Commission ne devait point s'en occuper : ce qui était entièrement applicable aux autres Académies. Et quant à l'Ecole Vétérinaire, un arrêté du Général Jourdan du 6 germinal an 10, en confia spécialement l'examen au Jury d'instruction publique. En un mot nous avons toujours réglé et limité nos travaux, d'après les vues et les indications de l'autorité qui nous a honorés de sa confiance. **

---

* Dans l'arrêté du 22 nivôse an 11 portant nomination des membres qui devaient composer la Commission créée par un autre arrêté du même jour, il est dit (art. 2) : Les Citoyens susnommés se réuniront au reçu du présent, et procéderont à l'examen qui leur est confié, conformément aux dispositions de l'arrêté précité, et d'après les instructions qui pourront leur être transmises à ce sujet par l'Administrateur Général.

Nous n'avons pas cru de devoir comprendre dans ce rapport, déjà trop long par les détails dans lesquels nous sommes forcés d'entrer au sujet de la comptabilité, les affaires particulières, dont nous avons dû nous occuper quelque fois, et qui ne présentent pas un intérêt assez général, ou un rapport direct avec l'instruction publique. Nous dirons seulement à cet égard, que nous n'avons appuyé auprès de vous d'autres demandes, que celles qui nous paraissaient justes et fondées, en nous rapportant constamment à vos lumières et à votre sagesse.

La quatrième partie du rapport concerne la surveillance de l'Administration Economique, qui nous a été confiée en remplacement de l'ancien Conseil Supérieur.

Nous nous sommes sévèrement interdit toute disposition arbitraire des fonds de l'Athénée. Nous avons cru aussi de notre devoir d'exiger de tous les comptables un ordre clair, une régularité exacte. Les formes nouvellement introduites dans les bureaux de l'Administration Economique, sont telles à assurer pour toujours cet ordre, cette régularité. Les personnes actuellement préposées soit à la direction de cette Administration, soit à celle du Prytanée, s'acquittent de leurs fonctions avec une probité rare, et un discernement actif et eclairé. Les succès qu'ils ont obtenu, les avantages considérables qui ont été les fruits de leurs soins dans un aussi court intervalle, l'attestent d'une manière qui ne saurait être douteuse, et laissent des grandes esperances à l'avenir.

Par ces moyens nous avons tâché de conserver intacte, jusqu'à l'arrivée des savans distingués que le Gouvernement a choisis pour réorganiser l'instruction publique en Piémont, un patrimoine intéressant pour sa destination, et de donner l'impulsion aux améliorations dont il était susceptible. Nous désirons de terminer ici une mission, honorable à la vérité, mais qui a été de toute part hérissée de difficultés et d'épines. Ce sera avec la plus grande satisfaction que nous verrons passer en d'autres mains la surveillance qui nous fut confiée.

Si nous avons pu contribuer de quelque manière à améliorer le sort des établissemens de sciences et d'arts déjà existans; si nous avons préparé efficacement les moyens d'exécution pour ceux qui ont été, ou qui pourront être nouvellement créés; nous aurons obtenu la plus belle et la plus douce des récompenses; celle de penser que nous avons travaillé pour d'aussi grands objets d'utilité publique, pour des objets chers au Gouvernement, et infiniment précieux pour les habitans de la 27.ᵉ division militaire.

NOTIONS PRÉLIMINAIRES.

CHAPITRE PREMIER.

*État de l'instruction publique en Piémont
sous l'ancien régime.*

PRESQUE toutes les communes jouissaient de l'établissement d'ecoles publiques, qu'on pourrait appeller *écoles primaires*. Elles étaient entretenues par des frais additionels aux contributions publiques, un petit nombre excepté de villes, ou de communes, où il y avait des fondations particulières, ou bien des écoles dites *royales*, qui étaient à la charge du trésor public.

Dans toutes les villes chefs-lieux de province, et dans d'autres communes plus peuplées, il y avait des écoles d'un ordre supérieur: on y enseignait la Grammaire, les Humanités, la Réthorique, la Philosophie, la Théologie, et quelque part même la Chirurgie.

Le Gouvernement avait aussi favorisé l'établissement de plusieurs maisons d'éducation ou collèges dans différentes villes ou communes. Les plus remarqués étaient ceux de Casal, de Fossano, de Montechiaro, de Santhià.

Mais les principaux soins du Gouvernement s'étaient portés sur les établissemens d'instruction, d'éducation publique, et de beaux arts de la ville de Turin.

Voici la série des plus importans.

2

1.º L'Université des Études.

L'ancienne Université des études a été presque recréée par le roi Victor Amé II entre 1720 et 1729. On y enseignait la Théologie, la Jurisprudence, la Médecine, la Chirurgie, la Philosophie, les Belles Lettres, et les Mathématiques. On y conférait les grades des différentes facultés.

Un musée d'antiquités, une bibliothéque riche et nombreuse, avec des manuscrits précieux, un jardin de Botanique, un cabinet de Physique, un établissement hydrometrique, qui figure parmi les plus beaux de ce genre, étaient établis près de l'Université, et relevaient son lustre.

L'Université étoit régie par un Magistrat dit de la *Réforme*, présidé par le Grand Chancelier de la couronne.

Un corps de lois imprimé sous le titre de *Constitutions pour l'Université* renfermait toutes les attributions, les privilèges, et les devoirs du Magistrat de la Réforme, des Professeurs, des corporations dites *Collèges* de Théologie, de Droit, de Médecine, de Chirurgie et des Arts, des étudians, des offices subalternes de l'Université, et tout ce qui concerne l'enseignement, les examens, la collation des grades, l'agrégation aux Collèges susdits, et autres matières analogues.

Un magistrat sous le nom de *Censeur* etait établi pour surveiller particulièrement l'exécution de ces lois. Ses fonctions près du Magistrat de la Réforme, et en ce qui concerne cette partie de législation, étaient assez ressemblantes à celles, qu'exercent dans la partie judiciaire les officiers du ministère public près les tribunaux.

L'Université de Turin était le centre de l'enseignement de

tout le Piémont. Les écoles des provinces, qui étaient inspectées par des Réformateurs particuliers, étaient sous la direction du Magistrat de la Réforme.

2.º Le Collège des provinces.

Il a été créé en 1729, accru et perfectionné en 1738. On a réuni à ce Collège différens établissemens d'éducation publique, faits par des particuliers. Les élèves y étaient reçus depuis la Philosophie jusqu'aux dégrés d'une instruction plus rélevée dans les différentes sciences.

Des bourses étaient réparties en faveur de ceux, qui y avaient droit par des dispositions particulières; d'autres se distribuaient entre les provinces, qui avait concouru à les fonder.

Tous les boursiers étaient soumis à des examens pour obtenir et conserver leurs places.

Un gouverneur, et en sous ordre quatre préfets des différentes classes de Théologie, de Droit, de Médecine, et de Belles Lettres, lesquels étaient en même temps suppléans nés des professeurs de l'Université, en avaient la direction.

Ce Collège a toujours été envisagé, comme une dépendance de l'Université des études: et en conséquence la surveillance en était confiée au Magistrat de la Réforme.

Les différentes assignations faites par l'ancien Gouvernement à l'Université des études et au Collège des provinces, et qui sont détaillées dans l'arrêté de la Commission Exécutive du 26 pluviôse an 9, montent à la somme de 159,100 livres de Piémont, qui font francs 188,931. 25 cent.

3.º Le Collège des Nobles.

Il a été fondé en 1680. Les Jesuites le régissaient anciennement.

La dotation de cet établissement était de 27,600 fr. environ, y compris des révenus en biens fonds.

4.º L'Académie.

C'était une autre maison-d'éducation pour les nobles. Elle formait un des établissemens le plus marquans du pays, et avait eu une grande réputation dans l'étranger.

Les élèves y trouvaient des moyens d'instruction dans les sciences civiles et militaires.

Son entretien coûtait aux finances la somme d'environ 30,000 francs.

5.º L'Académie des Sciences.

Dans son origine elle fut une société privée, érigée en 1759 en société royale, et créée Academie des sciences par lettres-patentes du 1783.

Un des ses fondateurs fut le Sénateur La-Grange, dont la France, et le Piémont sur tout, qui l'a vu naître, s'honoreront à jamais. Plusieurs autres membres l'ont illustrée, et lui ont acquis une juste réputation.

Le roi a fait les frais de premier établissement, entre autres ceux d'une belle salle pour les séances, et d'un observatoire très-bien construit : et ensuite il lui a destiné la somme de 12,000 livres de Piémont, faisant francs 14,250.

6.º L'Académie de Peinture et de Sculpture.

Elle était composée d'académiciens honoraires et de professeurs.

Il y avait aussi une école de Peinture et de Sculpture : l'étude du nud était principalement cultivée.

L'entretien de l'Académie et de l'école coûtait aux finances royales la somme annuelle de 10,800 francs.

Un établissement en quelque sorte rélatif à l'école de Peinture, quoiqu'il en fût indépendant, était aussi la manufacture des tapisseries de gobelins.

Un directeur et plusieurs artistes y étaient toujours occupés, d'après les ordres du roi.

Il était affecté à cet établissement une somme annuelle de 11,000 livres de Piémont environ, qui font francs 13,062. 50.

7.ª La Société d'Agriculture.

Établie en 1785 comme simple société particulière, elle fut érigée en Société Royale en 1788 avec des privilèges et des encouragemens. Elle a contribué à répandre des connaissances et des pratiques extrêmement utiles.

8.º Etablissemens de Musique.

On ne doit point omettre ici les etablissemens rélatifs à la Musique, qui nous ont donné les Pugnani, les Viotti etc. etc.

Quoique il n'y eût point d'école publique de Musique proprement dite, le chapitre de l'eglise métropolitaine de Turin avait cependant un établissement dirigé par un maître de chapelle accredité, où différens élèves entretenus gratuitement dans une maison à ce destinée, étudiaient principalement la Musique vocale, et faisaient le service de la chapelle. C'est à dès largitions et à des legs particuliers, que cet établissement dût son origine.

Il y avait en outre la chapelle du roi, composée toujours d'excellens artistes nationaux et étrangers, et le grand théatre royal, un des plus beaux et des plus magnifiques de l'Europe.

Les artistes étaient encouragés à se perfectionner pour avoir des places dans ces différens établissemens.

L'école de Musique et l'entretien de la chapelle coûtaient au chapitre la somme de 20,000 livres de Piémont, qui font 23,760 francs.

Le roi dépensoit pour sa chapelle la somme annuelle de 24,850 livres de Piémont, faisant 29,509 francs 37 1[2 cent., et pour le grand opera plus de vingt-mille francs, sans compter plusieurs privilèges, exemptions de gabelles, la contribution dite du *quinto* payée par les petits théatres et spectacles de la ville de Turin, et autres avantages pécuniaires considérables, dont le roi faisait jouir la société des directeurs du grand théatre.

Tous ces établissemens relatifs aux sciences et aux arts, qui illustraient la ville de Turin et donnaient au Piémont des personnes capables dans toutes les professions, et quelque fois des grands hommes, ces établissemens pris ensemble emportaient une dépense fixe annuelle de francs 357,913. 12 1[2 (V. le tableau **A**).

Mais il y a ici une observation importante à faire, laquelle s'applique plus ou moins à toutes les institutions, dont on vient de parler. Elle est, qu'outre les sommes annuelles fixes, assez fréquemment, soit les etablissemens mêmes, soit les instituteurs, et les élèves, recevaient des secours et des encouragemens extraordinaires de la part du Gouvernement.

CHAPITRE II.

Décadence de l'instruction publique pendant la guerre et la révolution du Piémont.

Ces etablissemens ont éprouvé différentes chances depuis l'an 1792, époque de la guerre du Piémont avec la France.

L'Université fut fermée dès la même année, et le Collège des provinces suivit son sort l'année suivante.

L'Académie et le Collège des nobles furent fermées l'an sept.

L'Académie des Sciences, et celle de Peinture et Sculpture, la Société d'Agriculture ont cessé leurs séances pendant quelque tems.

La manufacture de gobelins, faute de fonds, a dû quitter ses travaux.

Le grand théatre fut fermé pendant la guerre. Il a été r'ouvert après la paix de 1799, mais on n'y a plus retrouvé la même magnificence, le même éclat.

Les chapelles de Musique furent fermées, les biens-fonds possédés par le chapitre ayant été vendus, et la destination des sommes affectées à cet objet par le roi, ayant cessée.

Ceux d'entre ces etablissemens qui avaient encore conservé une ombre d'existence, ne recevaient aucun encouragement, et les professeurs étaient réduits à douter même de la continuation de leurs fonctions.

Le Gouvernement provisoire du Piémont établi en l'an 7 avait fait quelques efforts pour relever de cet état de déclin les sciences, les arts, et l'éducation publique.

Il nomma une commission pour présenter un plan complet d'enseignement et d'éducation publique.

Cette commission s'occupa sérieusement de sa mission. Mais l'invasion subite des Austro-Russes à empêché de mettre à exécution ses projets, et a replongé l'enseignement public presque dans le néant.

CHAPITRE III.

État de l'instruction publique après messidor an 8,
et dans les années 9 et 10.

Tel était l'état des choses, lorsque la bataille de Marengo délivra ces contrées des Austro-Russes. Par différens arrêtés de la Commission de Gouvernement, établie le 8 messidor an 8, l'Université fut r'ouverte, le rétablissement du Collège des provinces fut ordonné, et des bases furent posées pour relever l'instruction publique en Piémont. (Arrêté du 12 et 26 messidor, lois de la Consulta du Piémont du 4 thermidor, du 28 fructidor an 8, arrêté du 3 vendémiaire an 9.)

Par les soins de la Commission Exécutive, qui remplaça la Commission de Gouvernement le 12 vendémiaire an 9, et sous les auspices du Général Jourdan Administrateur Général, protecteur eclairé des sciences et des arts, il s'établit un nouvel ordre de choses, dont on va donner le tableau, en distinguant les différens etablissemens.

§. I.

Athénée National.

L'Université des études fut aussi appellée, depuis ce tems, Athénée National.

La Commission Exécutive, au commencement de l'an 9, arrêta un mode d'enseignement, fixa le nombre et les appointemens des professeurs de l'Athénée, les dépenses des différens établissemens y annexés, nomma un Jury ou Conseil d'instruction publique, qui succéda à l'ancien Magistrat de la Réforme *, et

---

* Il est nécessaire de s'arrêter un moment sur les variations, qui ont eu lieu dans la composition du Jury ou Conseil d'instruction publique.

Il a eu deux nominations de Jury, faites par la Commission Exécutive à des époques assez rapprochées.

La première est en date du 26 vendémiaire an 9 : elle est portée par un arrêté imprimé et publié. On y nomma les citoyens Allione, Boggio, Didier, Giraud, Morardo, Rana, Ghio Censeur. Aucun traitement fixe ne leur fut alloué : ils jouissaient seulement d'emolumens casuels, ainsi que les anciens membres du Magistrat de la Réforme.

La seconde nomination eut lieu dans les premiers jours de germinal an 9. On ignore s'il y a eu un arrêté formel de nomination. Quoiqu'il en soit, dans un tableau des employés de l'Athénée, signé le 4 germinal par le Citoyen Bossi, l'un des membres de la Commission Exécutive, sont désignés comme composant le Jury d'instruction publique les citoyens Botta, alors membre de la Commission Exécutive, Brayda, alors membre du Conseil de Gouvernement, et Giraud, Gouverneur du Collège national, avec un traitement fixe de 3500 francs pour les deux premiers, et de 1500 francs pour le troisième.

A l'occasion que ledit tableau des employés fut arrêté, on dispensa le citoyen Ghio de ses fonctions de Censeur : on y rappela le citoyen Didier,

auquel la surveillance de l'enseignement fut confiée. Elle s'occupa sur-tout de doter cet Etablissement d'une façon qui lui assura pour toujours les revenus nécessaires.

---

et on conserva un traitement aux citoyens Allione et Ghio en qualité de professeurs émérites. On chargea la caisse de l'Athénée de deux pensions en faveur des citoyens Boggio et Morardo. Le seul citoyen Rana , ancien professeur aux écoles d'Artillerie , très-avancé en âge , n'obtint pas de retraite. Il est vrai , que ses rapports avec l'Athénée ne dataient , que de l'époque où il avait été créé membre du Jury. Mais il avait bien mérité des sciences , et de l'État ; il était un des plus grands hommes de son pays.

D'après un nouveau tarif des rétributions pour les examens, approuvé par la Commission Exécutive le 26 germinal, les émolumens éventuels du Jury furent portés à un taux beaucoup plus fort, quoique le nombre des personnes , entre lesquelles ils devaient se partager, fût restreint.

Il est bon de remarquer ici , que l'ancien Magistrat de la Réforme était composé de cinq personnes. Le premier Jury nommé par la Commission Exécutive fut porté à six. Le second Jury fut réduit à trois membres , y compris le Gouverneur du Collège des Provinces , qui dépendait , comme l'on sait , du Magistrat de la Réforme. (Constitutions de l'Université tit. I. chap. 1 §. 3 chap. 2 §. 4.)

Récemment on a voulu faire accroire , que le Gouverneur du Collège des provinces était toujours Réformateur. Parmi douze Gouverneurs , qui sous l'ancien régime ont existé depuis la fondation du Collège (Gabaleone Salmour , Lea , Ricaldone , Scarampi , Vagnone , Viancini , Pochettino , Valperga , Lovera , Pistone , Incisa , celui qui est actuellement Directeur du Prytanée) on n'en trouve que deux qui aient réuni ces fonctions , c'est-à-dire Scarampi et Incisa le dernier nommé. Le cas était donc très-rare : des circonstances particulières ont certainement donné lieu à ces exceptions, qui confirment plutôt la règle contraire. A l'égard d'Incisa , il faut aussi rémarquer, qu'il ne fut nommé Réformateur , qu'après la clôture du Collège en 1792. Encore l'influence d'un seul membre dans l'ancien Magistrat de la Réforme était-elle beaucoup moindre , parce que ce Magistrat était plus nombreux , que le Jury actuel.

Cette dotation fut presqu'entièrement composée de biens-fonds et autres revenus appartenans à des corporations réligieuses et séminaires supprimés, comme on verra ci-après (V. la 2.ᵉ partie, chap. 1. p.   ).

Elle établit une Administration Economique chargée de l'administration des fonds et revenus de l'Athénée, et fixa le mode de comptabilité (Arrêté du 10 frimaire an 9).

La surveillance de cette Administration et la connaissance de sa comptabilité fut confiée ensuite à un Conseil Supérieur, composé des cinq principaux chefs des parties prénantes, c'est-à-dire des Présidens du Conseil d'instruction publique, de l'Académie des sciences, de la Société d'agriculture, du Conseil Supérieur de santé, et du Gouverneur du Collège National *
(Arrêté de l'Administrateur Général du 14 messidor an 9).

---

* Ce Conseil était composé de *parties intéressées*, ainsi qu'il dit dans le *considérant* du même arrêté 14 messidor an 9.

Aux termes de l'article 3 et 4 toutes les dépenses portées dans le bilan, ou imprévues, étaient ordonnancées par le Président de l'établissement intéressé, ou par le Gouverneur du Prytanée, s'il s'agissait de l'intérêt de celui-ci.

C'était aux membres de ce Conseil à juger de la nécessité des dépenses imprévues et variables (art. 5); c'était à eux à se faire rendre compte du mode de gestion de l'Administration économique (art. 6); c'était à eux d'examiner et arrêter dans le mois de messidor de chaque année les états de recette et de dépense de l'Administration économique pour l'année échue (art. 1).

Ce Conseil enfin était placé au dessus de l'Administration économique de l'Athénée, ainsi que le Général Jourdan a dit dans une lettre adressée à ce même Conseil le 19 thermidor an 10, *pour bien diriger l'emploi des revenus consacrés à l'entretien et à l'amélioration des établissemens, qui ont pour but l'enseignement spécial.*

Il ne sera pas inutile d'observer, relativement à la composition du Con-

§. 2.

Collège national des provinces, connu à présent sous le nom de Prytanée ou Pensionnat divisionnaire.

Une nouvelle distribution des bourses y fut établie: des fonds très-considérables pour les premiers frais tant en argent qu'en

---

seil Supérieur., combien elle assurait presque toujours la préponderance aux trois membres du Jury. L'un d'eux était membre du Conseil Supérieur, parce qu'il réunissait la qualité de Gouverneur du Prytanée: c'est chez-lui, que le Conseil Supérieur s'assemblait le plus fréquemment; c'est chez-lui que tous les registres et papiers du Conseil se conservaient, ainsi qu'il résulte du procès-verbal de la séance du 25 ventôse an 10. Le plus souvent un autre membre du Jury était aussi membre du Conseil Supérieur, parcequ'il était président du Jury. Celui-ci et le Gouverneur du Collège, comme parties prénantes principales, avaient par-là même beaucoup plus d'influence. Plusieurs fois le troisième membre du Jury, sans aucune autre qualité, est aussi intervenu aux séances du Conseil Supérieur. Les Présidens des Académies des Sciences et d'Agriculture, qui étaient aussi membres du Conseil Supérieur, changeaient tour-à-tour, parce que ces deux corporations sont nombreuses. Les membres du Jury étaient toujours les mêmes. D'où il s'ensuit, que, sous d'autres noms, les membres du Jury faisaient tout. Pour s'en convaincre, il n'y a que parcourir les registres du Conseil Supérieur; desquels ils résulte, que dans le nombre total de quarante-quatre séances, qui ont eu lieu depuis la création du Conseil Supérieur, jusqu'à sa suppression, il n'y en a eu que dix-sept, dans lesquelles les membres du Jury se soient trouvés en minorité. Encore quinze de celles-ci présentent une minorité bien faible de deux contre trois. Dans les autres vingt-sept séances il y a eu toujours un nombre ou égal ou plus fort de membres du Jury; c'est-à-dire seize sont à nombre égal, et onze à majorité absolue. (V. le tableau B.)

Le Général Jourdan lui-même, qui certes avait une idée distincte du Jury et du Conseil Supérieur, ne faisait pas grande différence entr'eux, quant à

nature lui furent assignés : (V. 3.ᵉ partie, chap. 2, art. 3, pag.   )
un local plus vaste lui fut destiné.

L'ancienne dotation fut augmentée et portée à 6om. fr.ˢ payables sur les revenus de l'Athénée.

§. 3.

Académie des Sciences, Litterature et Beaux Arts.

Par arrêté du 27 nivôse an neuf, la Commission Exécutive

---

la substance. En effet dans la lettre du 4 nivôse an 11, adressée au Conseil d'instruction publique, après avoir résolu les doutes qu'on lui avait présentés rélativement à l'arrêté du 21 frimaire précédent, il s'exprime en ces termes :

» J'espère, citoyens Conseillers, qu'il ne vous restera plus aucun doute
» sur le sens qu'il faut attribuer aux différentes dispositions de mon arrêté
» du 21 frimaire, et vous pourrez dès cet instant vous occuper de la forma-
» tion du bilan pour l'exercice de l'an 11. Je désire que vous me présen-
» tiez en même tems le compte rendu, que je vous ai demandé pour les
» exercices antérieures, afin que je puisse connaître l'état de situation de
» l'Athénée sous les rapports financiers et économiques, et prononcer avec
» plus de précision sur l'emploi des fonds disponibles. J'ai lieu de croire,
» d'après mes instances réitérées auprès du Conseil Supérieur de l'Athénée,
» qu'il vous sera facile de remplir au plutôt cette double tâche, que vous
» devez vous présenter comme un devoir rigoureux.

Dans ces circonstances il ne devait pas paraître étrange, que l'Administrateur Général, à qui cette comptabilité devait être soumise, chargeât une Commission composée de *parties non intéressées* de l'examiner, de la réviser et de lui en faire un rapport, ce qui signifie simplement donner un avis, faire des observations et non arrêter la comptabilité, ou juger les comptables.

récomposa l'ancienne Académie des Sciences. Elle fut appellée Académie Nationale. des Sciences, Litterature et Beaux Arts, et divisée en deux classes, l'une des Sciences exactes, l'autre de Morale, Economie, Politique, Antiquités, Litterature et Beaux Arts, chacune de dixhuit Membres.

Sa dotation fut d'abord fixée à dixhuit mille livres, portée ensuite, par arrêté du 3 germinal an 9, à 36m. livres de Piémont, c'est-à-dire à 43200 fr.^s, payables de même sur les revenus de l'Athénée.

L'Académie de Peinture et Sculpture pour lors a dû cesser.

§. 4

Écoles de Peinture, de Sculpture et d'Architecture.

Les écoles de Peinture et de Sculpture furent conservées par arrêté du 15 germinal an 9, et des nouveaux fonds leur furent assignés sur les revenus de l'Athénée.

Par le même arrêté la Commission Exécutive établit une école d'Architecture, dotée de même sur les revenus de l'Athénée.

Elle déclara que la manufacture de gobelins n'était plus à la charge de la Nation, en accordant cependant à l'ancien directeur un local pour l'entretenir en son privé nom et à ses frais.

Le Général Jourdan réunit ensuite les écoles de Peinture et de Sculpture à l'Athénée par ses arrêtés du 25 thermidor an 9, et 1 nivôse an 10.

§. 5.

Académie d'Agriculture.

La Société d'Agriculture fut erigée par la Commission Exécutive en Académie d'Agriculture, et par arrêté du 9 pluviôse an 9 la somme annuelle de 4800 fr.ˢ lui fut assignée sur les fonds de l'Athénée.

§. 6.

Académie Subalpine.

L'Académie Subalpine d'Histoire et de Beaux Arts a remplacé une Société privée, connue sous le nom de *Société des Unanimes.* Elle a été reconnue par le Gouvernement en l'an 9, obtint un local au même palais où l'Académie des Sciences est établie, et reçut la modique assignation de 400 livres de Piémont par an.

Elle est divisée en deux classes, la première d'Histoire, et la seconde de Beaux Arts. Les objets de la seconde classe sont la litterature et les arts imitateurs, savoir Dessein, Sculpture, Peinture, Architecture.

Par la tenuité de l'assignation, qui lui est fixée, il est aisé de comprendre, que le zèle et la bonne volonté des membres de cette société sont les seuls moyens, par lesquels elle se soutient et avance dans ses travaux.

§. 7.

Bibliothèques Publiques.

A ces établissemens la Commission Exécutive avait joint celui de quatre bibliothèques dans la ville de Turin.

L'Administrateur Général Jourdan voyant les difficultés qui se rencontraient à les former, par arrêté du 28 messidor an 9, reduisit le nombre des bibliothèques publiques à deux, savoir celle de l'Athénée, déclarée nationale, et celle dite des *Carmes* déclarée départementale.

§. 8.

École Vétérinaire.

Par arrêté du 28 frimaire an 9, la Commission Exécutive avait ordonné l'établissement d'une école Vétérinaire dans le local dit du *Valentin*, et en avait confié l'inspection immédiate au Conseil de Santé, créé par arrêté du 19 germinal an 9. Le Général Jourdan, par son arrêté du 6 germinal an 10, réunit cette école à l'Athénée, et la soumit à la même administration et à la même surveillance qui a lieu pour les autres écoles spéciales.

Par arrêté du premier floréal an 10, cette école fut entièrement organisée; le nombre des professeurs et le mode d'enseignement furent déterminés.

§. 9.

Écoles secondaires et primaires.

La Commission Exécutive n'apporta presqu'aucun changement aux écoles secondaires et primaires, établies dans les communes du Piémont, ni à celles de Turin.

L'ancien système d'enseignement y fut généralement suivi, sous la dépendance toujours du Jury d'instruction publique établi à l'Athénée.

CHAPITRE IV.

Changemens opérés en l'an XI.

Tels furent les établissemens faits en Piémont au profit des sciences et des arts, depuis la victoire de Marengo.

Après la réunion du Piémont à la France, il parut un arrêté de l'Administrateur Général, en date du 21 frimaire an 11, publié par le Jury d'instruction publique le 9 nivôse suivant, qui opéra, sur-tout dans le système d'enseignement qu'on suivait à l'Athénée, des innovations très-essentielles.

L'école de Théologie fut supprimée, malgré qu'il n'y eût plus de séminaire ecclésiastique à Turin, et que lors de la suppression du séminaire archiépiscopal, faite par arrêté de la Commission Exécutive du 10 frimaire an 9, le rétablissemeut de cette école eût été spécialement arrêté, et les bourses du séminaire, au nombre de vingt environ, eussent été agrégées au Collège ou Prytanée divisionnaire.

26

L'école de Droit fut réduite à quatre professeurs, au lieu de six. L'un d'eux devait enseigner l'Economie publique, qui, d'après la loi du 11 floréal an 10, appartient à une école spéciale différente, c'est-à-dire à celle de *Géographie, d'Histoire et d'Economie publique*. Une seule des quatre chaires était destinée au droit civil: aucune aux institutions de ce droit.

L'école spéciale de Médecine fut réduite à huit professeurs, au lieu de dix. L'anatomie pratique parut être négligée, soit dans l'arrêté du 21 frimaire, soit dans le réglement qui est paru postérieurement.

On réduisit l'école de Mathématique à deux professeurs, au lieu de trois. L'un devait enseigner les élemens de Mathématique, l'autre l'Algèbre et la Géometrie. Les mathématiques mixtes et l'hydraulique (étude si importante dans un pays tout traversé de rivières et de torrens) furent, à ce qu'il paraît, annexées à la chaire de Physique, qui fait partie d'une école spéciale toute différente, selon la loi de floréal an 10, c'est-à-dire à celle d'*Histoire Naturelle, de Physique et de Chimie*.

On a créé cinq chaires pour les arts et le dessein; la loi du 11 floréal an 10 en assigne quatre seulement.

On diminua le nombre des employés à la bibliothèque et au secrétariat de l'Athénée. Sous prétexte de réduction, on expulsa du secrétariat des anciens employés, Rostagni, Grassi, Richeri: on les remplaça par deux nouveaux commis.

Les traitemens des professeurs furent tous réduits au même taux. Des appointemens de retraite furent accordés aux professeurs qui cessaient leurs fonctions: et d'autre part plusieurs qui sous l'ancien régime avaient vieilli très-honorablement dans ces places (Carena, Allasia, Vastapani, Bruno, Racca et Pellegrini) continuaient à rester dans l'oubli, et quelques uns dans la détresse.

Par suite de cet arrêté et du réglement que le Jury d'instruction publique rédigea et fit approuver par l'Administrateur Général le 13 nivôse, le mode d'enseignement, le cours des études, les fonctions des différens professeurs, tout fut changé: les arrêtés du 4 et 21 nivôse portèrent une nouvelle nomination de professeurs et d'adjoints aux différentes chaires conservées: et tout cela se faisait lorsque l'année scolastique était déjà bien avancée. *

---

* L'Arrêté du 21 frimaire an 11 causait alors un tel bouleversement dans l'enseignement, et excitait tant de mécontentemens et de plaintes, comme on verra dans la suite de ce rapport, qu'il n'eût pas été difficile à l'ancien Jury, si cet arrêté n'eût été dans ses vues, d'obtenir par des rémontrances convenables à l'Administrateur Général, un sursis à son exécution. Mais il fallait que ces réprésentations du Jury eussent porté sur les vrais points de difficulté au lieu, qu'il se borna, dans sa lettre du 3o frimaire, à présenter à l'Administrateur Général quelques doutes sur l'existence de la chaire d'Économie rurale, sur l'enseignement des Mathématiques et sur l'école Vétérinaire ; et qu'au reste il s'empressait d'en accélérer l'exécution contre le vœu de la grande majorité des professeurs. La circonspection et la sagesse du Général Jourdan sont connues de tout le monde. On ne peut pas croire, que il eût résisté à des conseils bien motivés du Jury, à l'avis de presque tous les professeurs et à des réclamations aussi multipliées.

Quant au Conseiller-d'État chargé de la direction de l'instruction publique, quoiqu'il eût approuvé l'arrêté du 21 frimaire, l'ancien Jury cependant ne pouvait pas se méprendre sur ses intentions: au contraire il devait se flatter que toutes sortes de modifications auraient été adoptées avec la plus grande facilité.

La véritable pensée du Conseiller-d'État est exprimée d'une manière qui n'est pas équivoque dans la lettre du 29 brumaire an 11, adressée au ci-

28

Le Prytanée divisionnaire fut considéré dans l'arrêté du 21
frimaire comme le pensionnat des écoles spéciales. Les élèves ne
devaient plus être admis que pour les parties de la Médecine,

---

toyen Giraud, Gouverneur du Collège national, que celui-ci a communiqué
pour d'autres objets à la Commission extraordinaire.

Qu'on rapproche la date de cette lettre écrite de Paris, de celle de l'arrêté du Général Jourdan signé à Turin, et qu'on fasse bien attention aux
termes, dont elle est conçue.

» Vous m'invitez, Citoyen, par votre lettre du 13 de ce mois à écrire
» au Conseiller-d'État, Administrateur Général du Piémont ; pour que le
» concours des places vacantes des fondations Ghisleri et Guidetti réunies au
» Collège des provinces, soit incessamment ouvert. Vous motivez cette de-
» mande sur ce que j'ai pensé, qu'aucune modification ne doit être faite,
» ni dans l'Université, ni dans le Collège des provinces pour l'année sco-
» lastique qui va commencer.

Le citoyen Giraud et ses collégues du Jury n'ignoraient donc pas quels
étaient les vrais sentimens dudit Conseiller-d'État, et qu'il était loin de
vouloir apporter d'aussi rudes secousses au système établi, d'en détruire
plusieurs parties essentielles, sur-tout avant l'établissement des Lycées, et
tout ce qui doit précéder une organisation nouvelle.

Mais ce qui finit de persuader que le Conseiller-d'État, chargé de la direction de l'instruction publique, n'attachait aucun intérêt particulier au
maintien des dispositions de l'arrêté du 21 frimaire, et qu'il ne les avait
approuvées qu'autant qu'il les avait crues utiles et appropriées aux circonstances de la 27.e Division Militaire, c'est la lettre qu'il adressa le 13 floréal au Secrétaire général, chargé provisoirement de l'Administration générale. Il résulte de cette lettre, que le Secrétaire général Charbonnière
lui avait fait un rapport sur l'état de l'instruction publique en Piémont. Il
ne lui dissimula pas les modifications, qu'on avait opérées à l'égard de
l'arrêté du 21 frimaire.

Tout cependant a mérité la pleine et entière approbation tant du Conseiller-d'État, que du Ministre de l'Intérieur. Nous rapporterons en entier
cette lettre dans la première partie du rapport.

du Droit, des Beaux Arts, de l'Histoire naturelle, Physique et Chimie, et de l'Art Vétérinaire *.

Les écoles primaires et secondaires furent soumises à la surveillance des Préfets et des Sous-Préfets.

Par un arrêté que l'Administrateur Général a pris le 5 brumaire, d'après une autorisation spéciale du Ministre de l'intérieur, une école de Musique de troisième dégré fut établie à Turin. On lui alloua 2om. francs annuels sur les fonds de l'Athénée. Le défaut de fonds retarda la mise en activité de cette école, ainsi que nous verrons dans la seconde partie de ce rapport.

CHAPITRE V.

Circonstances qui amenèrent la création de la Commission extraordinaire.

En thermidor de l'an 10, le Général Jourdan, Administrateur Général, demanda au Conseil supérieur de l'Athénée la reddition des comptes de cet établissement. Voici les termes de sa lettre du 19 dudit mois.

---

* Si le Prytanée est le pensionnat des écoles spéciales (tit. 4 art. 1 de l'arrêté du 21 frimaire); si l'on ne devait plus admettre de pensionnaires au Prytanée pour d'autres parties que celles détaillées dans l'art. 2 du même arrêté ; et si en conséquence ceux de Belles Lettres en étaient exclus ; on n'a pas craint si mal-à-propos sur la conservation des chaires d'Eloquence à l'Université. Il est cependant incontestable, que la faculté des Belles Lettres, spécialement cultivée soit à l'Université, soit à l'ancien Collège des provinces, a été de la plus grande utilité en Piémont, parce que c'est à cette école que se formaient les professeurs des écoles secondaires, qui se répandaient ensuite dans les provinces, et y apportaient les meilleurs

» Par mon arrêté du 14 messidor an 9, qui crée le Conseil,
» dont vous êtes membres, j'ai eu en vue, citoyens, d'établir
» une puissance régulatrice de l'administration de l'Athénée,
» d'assurer l'ordre dans les recettes, l'exactitude dans l'emploi
» des fonds, et de remplacer l'ancien ordre de comptabilité par
» un nouveau qui fût plus conforme aux circonstances, et plus
» convenable pour l'avantage de cet important établissement. Cet
» arrêté vous prescrit de vous faire rendre compte de la gestion
» de l'Administration économique dans le mois de messidor, et
» de former en même tems le bilan pour l'année subséquente.
» Mais ce n'est pas-là les seules obligations qui vous soient im-
» posées : le décret de la Commission Exécutive du 26 pluviôse
» an 9, qui crée l'Administration économique, porte (art. 6) que
» cette Administration devra présenter chaque année ses comptes
» à la Chambre nationale pour en obtenir l'approbation. Au-
» jourd'hui que cette Chambre n'existe plus, c'est au Gouver-
» nement que ces comptes doivent être présentés immédiatement,
» et c'est lui qui doit les approuver : en conséquence je vous in-
» vite, citoyens, à vouloir bien faire connaître à l'Administra-
» tion économique de l'Athénée qu'elle doit me présenter l'état
» général des recettes et des dépenses dont elle a été chargée
» depuis son installation jusqu'à ce jour.
» Je désire connaître l'emploi des fonds dans toutes les par-
» ties, et voir les pièces qui existent à l'appui de cette com-

---

principes, une méthode d'enseignement plus sûre, plus régulière et plus
uniforme. Les chaires des Lycées destinées pour la première jeunesse ne
remplaceraient certainement pas une école spéciale de Belles Lettres. Nous
espérons par ces motifs, qu'elle ne sera pas expulsée de l'Athénée, à
l'éclat duquel elle a si souvent et si puissamment contribué.

» ptabilité. Les recettes peuvent être divisées en celles qui pro-
» viennent des biens-fonds, en celles qui proviennent des mai-
» sons, et enfin en celles qui proviennent des rétributions de
» tous genres, dont l'Athénée jouit.

» Il faudra indiquer, pour les premières, l'époque de la con-
» cession des baux, leur durée, le prix de chacun d'eux et la
» date de la rentrée des fonds. Les dépenses comprennent les
» traitemens fixes des professeurs, ceux des employés de l'Athé-
» née, les frais de bureau, les sommes allouées au Prytanée,
» aux diverses académies, aux écoles spéciales ; enfin les frais de
» réparation des bâtimens, et des biens-fonds. Il faut préciser
» l'époque à laquelle les payemens ont été ouverts, celle où
» chacun d'eux a été effectué, et joindre à l'appui les mandats
» et les autres pièces de comptabilité, qui justifient l'emploi
» des fonds ordonnancés pour traitemens, frais de bureau, et
» dotation ; les devis, d'après lesquels les réparations autorisées
» ont été faites, et les procès-verbaux qui doivent constater la
» réception des travaux avant l'acquittement du prix d'adju-
» dication. Il faut enfin, Citoyens, que ce compte général pré-
» sente d'une manière claire et détaillée la balance exacte
» des revenus et des dépenses de l'Athénée, depuis le moment
» de sa dotation jusqu'à l'an 11. L'année scolastique étant ache-
» vée, je pense que la Commission Administrative de l'Athénée
» peut, sans aucune difficulté, s'occuper de la reddition du
» compte que je lui demande, et je vous invite a lui faire
» savoir, que je désire qu'il me soit présenté avant le 15 fruc-
» tidor, ou même plutôt, s'il est possible.

» J'espère, Citoyens, que vous mettrez toute votre sollicitude à
» surveiller cette importante opération. Vous sentirez sans doute

» combien elle intéresse l'établissement, dont l'administration su-
» périeure vous est confiée. Le Gouvernement verra avec plaisir
» les heureux résultats des soins que vous avez mis à bien di-
» riger l'emploi des revenus consacrés à l'entretien et à l'amé-
» lioration des établissemens qui ont pour but l'enseignement
» spécial.

    » J'ai l'honneur de vous saluer.

» Signé JOURDAN.

Cette lettre parut exciter de la surprise dans le Conseil Supérieur, qui se croyait autorisé à arrêter les comptes de l'Athénée en dernier ressort. Tel était le but que vraisemblablement
l'on se proposa, lorsqu'on projetta la création de ce Conseil,
et qu'on eût soin de faire rapporter l'art. 6 de l'arrêté du 26
pluviôse an 9, qui prescrivait une reddition de comptes au
Magistrat de la Chambre des comptes. Il n'y parait pas qu'il y
eût en effet d'autre motif, puisque ce Magistrat n'était pas alors
supprimé, et que même après sa suppression, cet article était
toujours susceptible d'application, comme le Général Jourdan
a fort-bien observé dans la lettre ci-dessus rapportée.

Aussi le Conseil Supérieur n'a-t-il omis aucun effort pour persuader au Général Jourdan dans sa lettre du 23 thermidor,
signé Botta Président, que l'arrêté de comptes, fait par le Conseil, était définitif, et ne devait plus régulièrement être assujetti
à aucun autre examen.

Mais le Général Jourdan a persisté à croire, que l'examen de
la comptabilité générale de l'Athénée devait lui être présenté,
et en dernière analyse approuvé par le Gouvernement. Il fit
donc à cet effet des demandes réitérées et pressantes par ses let-

tres du 26 thermidor, 19 fructidor an 10, 20 vendémiaire et 4 nivôse an 11.

Ces comptes furent enfin envoyés au Général Jourdan au moment qu'il allait quitter ses fonctions d'Administrateur Général.

C'est alors que le citoyen Charbonnière, Secrétaire général, chargé provisoirement de l'Administration générale, jugea à propos de créer une Commission spéciale pour l'examen de ces comptes, composée du Maire de Turin, d'un membre du Conseil général du département du Pô, d'un membre du Tribunal d'appel, et de deux citoyens propriétaires *, et qu'il en prévint le Conseil supérieur de l'Athénée par sa lettre du 23 nivôse.

La correspondance, dont on vient de parler, existe dans les registres du ci-devant Conseil supérieur.

---

* L'arrêté du 22 nivôse an 11 a nommé membres de cette Commission Laugier Maire de Turin, Negro membre du Conseil général du Département du Pô, Cavalli membre du Tribunal d'Appel, Marentini ex-membre de la Commission des Hospices, Bay ex-membre de la Consulta.

Ensuite de la démission donnée par le citoyen Bay il a été nommé à sa place par arrêté du 4 pluviôse Louis Bertone, ancien Secrétaire d'État au ministère de l'intérieur et membre du Conseil général du département du Pô.

Par un autre arrêté du 26 pluviôse le citoyen Viretti ex-auditeur de la ci-devant Chambre des comptes fut nommé membre adjoint.

Le citoyen Marentini ayant ensuite cessé de faire partie de la Commission en vertu de l'arrêté du 17 germinal, qui l'appela aux fonctions de directeur de l'Administration économique, il fut remplacé le 21 du même mois par le citoyen Dal Pozzo, substitut du Commissaire du Gouvernement près le tribunal d'appel.

PREMIÈRE PARTIE.

Des recherches de la Commission extraordinaire sur le mode d'enseignement, introduit soit dans l'Athénée, soit dans le Prytanée divisionnaire, et des mesures prises à cette occasion par l'autorité supérieure.

LES innovations dans le mode d'enseignement, les réformes, et les déplacemens de plusieurs employés de l'Athénée, qui avaient eu lieu par suite de l'arrêté du 21 frimaire an 11, avaient excité un grand nombre de réclamations auprès de l'Administrateur Général.

Le Secrétaire général Charbonnière, alors chargé provisoirement de l'administration générale, invita le corps des professeurs à lui adresser un précis de ces réclamations dans un mémoire qu'il fit passer à la Commission. Il prit ensuite l'arrêté du 4 pluviôse, par lequel la Commission fut chargée d'examiner le mode d'enseignement qu'on suivait à l'Athénée et au Prytanée National, ce qui donna lieu aux différentes informations contenues dans les procès-verbaux du 5, 6, 7, 8 et 9 pluviôse an 11.

Ces informations, qui présentaient une presqu'unanimité de sentimens dans les professeurs, ont dû convaincre la Commission extraordinaire de la nécessité qu'il y avait de rétablir au plutôt possible, pour l'année scolastique commencée, l'ancien mode d'enseignement.

Plusieurs de ces informations contenaient aussi des plaintes plus ou moins graves contre les membres du Jury d'instruction publique alors en place.

Le résultat de ces informations a été l'objet d'un rapport particulier, que la Commission extraordinaire a soumis le 11 pluviôse an 11 au Secrétaire général Charbonnière. Ce rapport est signé par tous les membres de la Commission, et on y a joint les pièces suivantes:

Extrait de la note des professeurs de l'Athénée à l'Administrateur Général, signé Reyneri président.

Extrait des délibérations du corps des professeurs de l'Athénée dans la séance du 6 pluviôse sur la question de savoir, si l'on devait rétablir, pour l'année scolastique, l'ancien mode d'enseignement.

Cette pièce portait la signature individuelle des professeurs, dont les noms suivent:

Cridis Joseph, Moriondo, Veglio pour Buniva absent; Filippi, Giorna, Bertolini, Spagnolini, Regis François, Florio, Vigo, Canaveri, Vassalli-Eandi, Balbis, Valperga, Bonvicino, Anselmo, Merlini, Brugnone, Scavini, Gardini, Bongioanni, Garmagnano, Reyneri, Deperret, Giobert.

Extrait du procès-verbal de la séance de la Commission, du 5 pluviôse, à 5 heures.

Idem de la séance du 6 pluviôse, à 5 heures.

Idem de la séance du 8 pluviôse, à 5 heures.

Idem de la séance du 9 pluviôse, à 5 heures.

36

Extrait des réclamations portées par plusieurs individus contre le Jury et le Conseil supérieur.

Sur ce rapport l'Administrateur Général par *interim* n'avait d'abord rien statué. Le Jury d'instruction publique paraissait revenir sur ses pas; il prit lui-même plusieurs délibérations, en vertu desquelles l'ancien mode d'enseignement reprit presque son cours, soit pour les écoles de droit, soit pour celles de médecine et de chirurgie : ce qui mit à même les étudians de subir leurs examens et de recevoir leurs grades.

La Commission devait alors s'occuper du Prytanée divisionnaire. Elle demanda au citoyen Giraud, qui en était directeur, le compte de son administration, pendant les années 9 et 10. Celui-ci lui répondit, qu'ensuite d'une lettre de l'Administrateur Général Jourdan, du 8 fructidor an 10 *, il avait rendu ses comptes au Conseil d'instruction publique, qui les avait arrêtés; que cependant il se ferait un devoir de présenter ledit compte, qui serait publié par la voie de l'impression (procès-verbal du 4 pluviôse).

Le citoyen Giraud publia effectivement son compte rendu, dont on parlera dans la troisième partie de ce rapport.

---

* Voici la lettre : « J'ai reçu, citoyen Directeur, votre lettre du 3 de ce
» mois, relative à l'examen des comptes de l'administration du Prytanée.
» J'ai trop de confiance dans votre délicatesse, et dans celle des autres
» membres du Conseil d'instruction publique, pour prendre à votre égard
» une mesure qui n'a jamais eu lieu pour vos prédecesseurs. Je verrai
» moi-même d'ailleurs le compte rendu de votre gestion, lorsque le con-
» seil supérieur de l'Athénée me présentera la comptabilité générale de cet
» établissement.　　» Je vous salue.

　　　　　　　　　　　　　　　　　　» Signé Jourdan.

Il en envoya quelques exemplaires à la Commission, sans l'appuyer d'aucune pièce justificative (procès-verbal du 18 pluviôse, à 5 heures).

La Commission l'invita en conséquence, par sa lettre du 20 pluviôse (procès-verbal du 20 pluviôse), à lui communiquer les pièces, sans lesquelles tout examen du compte devenait impossible.

Le citoyen Giraud lui répondit, que toutes les pièces à l'appui du compte existaient dans les archives du Jury d'instruction publique, auquel la Commission aurait pû s'adresser. La Commission les demanda au Jury par sa lettre du 25 pluviôse (procès-verbal du même jour).

Le Jury dans sa réponse du 30 pluviôse (procès-verbal de ce jour) refusa à la Commission la communication des pièces, sur l'allegation que cette demande dépassait les bornes des attributions de la Commission. Ici commencèrent les longues contestations du Jury, soit avec la Commission elle même, soit avec le Secrétaire général, chargé provisoirement de l'administration générale sur la compétence de la Commission extraordinaire.

La Commission n'eut alors d'autre parti à prendre que d'écrire au Secrétaire général Charbonnière, pour le prier de faire cesser ces entraves, ou de mettre un terme à une Commission, qui ne pouvait plus remplir le but proposé, et devenait par-là inutile (lettre du premier ventôse an 11, signée par tous les membres de la Commission).

Le Secrétaire général invita par une lettre le Jury d'instruction publique à remettre les pièces justificatives du compte du citoyen Giraud. Le Jury les lui refusa également, sous prétexte que ce compte avait été définitivement rendu au

Jury lui-même, conformément à la lettre du Général Jourdan. Le Secrétaire général réitéra son invitation au Jury d'une manière plus pressante, et lui fit sur-tout observer, que le Général Jourdan dans sa lettre du 8 fructidor an 10, s'était réservé de voir lui-même les comptes que le citoyen Giraud se proposait de rendre à ses collègues du Jury, lorsque le Conseil supérieur de l'Athénée lui aurait présenté la comptabilité générale de cet établissement : qu'il s'ensuivait de-là, que le Général Jourdan n'avait pas voulu exempter ni cette comptabilité, ni celle du Prytanée, qui en était partie, des formes exactes de vérification que les circonstances lui auraient démontrées nécessaires : que c'était précisement pour apurer les comptes de cette reserve qu'il avait nommé la Commission extraordinaire de l'examen des comptes de l'Athénée.

Le Jury d'instruction publique ayant persisté à refuser les pièces en question, non obstant les invitations et les ordres précis de l'Administrateur général, celui-ci prit enfin l'arrêté du 14 ventôse, par lequel les citoyens Giraud, Brayda et Botta, membres du Jury, furent remplacés par les citoyens Falletti Barolo, Saluces Menusi, et Baudisson, et il fut ordonné, que ces nouveaux membres auraient exercé gratuitement leurs fonctions.

Toutes ces mesures ont été confirmées et approuvées par le Ministre de l'intérieur et par le Conseiller-d'état chargé de la direction et de la surveillance de l'instruction publique, ainsi qu'il résulte de la lettre que celui-ci adressa audit Secrétaire général le 18 floréal.

Nous transcrivons ici cette lettre en entier, parce qu'elle forme la plus belle apologie, s'il en était besoin, de tout ce qui a été prescrit par le citoyen Charbonnière ; dissipe tous les doutes sur la compétence de la Commission extréordinaire, sur la legitimité de ses opérations, et sur la justice des mesurés, qui ont été prises par l'autorité supérieure.

» Le Conseiller-d'État, chargé de la direction et de la sur-
» veillance de l'instruction publique, au Secrétaire général chargé
» provisoirement de l'Administration générale de la 27.ᵉ division
» militaire.

» Le Ministre a approuvé, citoyen, sur mes rapports du 29
» germinal et du 2 floréal, l'arrêté que vous avez pris le 14
» ventôse dernier, par lequel vous avez nommé membres du
» Jury d'instruction publique en remplacement des citoyens Gi-
» raud, Brayda et Botta, le citoyen Falletti-Barolo de l'Acadé-
» mie des sciences de Turin et du Conseil général du départe-
» ment du Pô, le citoyen Saluces Menusi Président de la même
» Academie et l'un de ses fondateurs, et le citoyen Baudisson
» professeur emérite et aussi du conseil général du même dé-
» partement. Ces savans tiendront sans doute à l'honneur de rem-
» plir gratuitement les fonctions, auxquelles ils sont appellés par
» l'estime publique.

» Cette disposition de votre arrêté a paru infiniment sage.

» Ce renouvellement du Jury étant motivé sur les abus qui
» s'étaient introduits dans l'enseignement, et dans l'adminis-
» tration des biens des fondations de l'instruction publique, il
» est urgent que la Commission nommée pour l'examen des com-
» ptes de la gestion des membres remplacés, soit mise en état
» de procéder sans délai à cet examen, et vous êtes autorisé à
» cet effet par le Ministre à prendre toutes les mesures, que
» vous jugerez convenables.

» Le rapport, par lequel vous m'avez exposé l'état actuel de
» l'instruction publique, et les avantages, qu'elle doit retirer d'une
» meilleure géstion des biens de l'Athénée, a été pour moi un
» sûr garant de l'impartialité, de la prudence et du zèle, avec
» lesquels vous avez agi dans une circonstance, où l'autorité ad-
» ministrative était méconnue, et où vous avez été obligé de re-
» courir à l'autorité supérieure.

» Je ne doute pas que les résultats des comptes de la géstion
» des membres du Jury, dont le remplacement est irrévoca-
» blement confirmé, ne justifient pleinement cette confiance,
» par laquelle j'ai déterminé l'approbation du Ministre.

» Vous voudrez bien, citoyen, me faire parvenir un duplicata
» de ces comptes aussitôt qu'ils auront été examinés, debattus
» et arrêtés, et m'adresser en même tems le tableau de l'emploi
» annuel des révenus de l'Athénée, ainsi que l'état, par apperçu,
» des améliorations, qui doivent résulter du renouvellement des
» baux. J'ai l'honneur de vous saluer.

» Signé FOURCROY.

Les recherches de la Commission, en ce qui concerne le Prytanée divisionnaire, se sont portées aussi sur l'objet le plus important, c'est-à-dire sur le mode d'enseignement et d'éducation
qu'on y suivait. Elle a pris à ce sujet les informations consignées dans les procès-verbaux du 21, 25 et 29 pluviôse, 4 et
14 ventôse suivants. La nécessité de confier cet important établissement à une personne qui réunît les qualités nécessaires
pour s'attirer la confiance du Public et des élèves, parut à la
Commission évidemment prouvée.

Elle fit donc à l'Administrateur Général un rapport sur le

Prytanée divisionnaire, qui est en date du 26 ventôse, signé par tous ses membres.

Les pièces suivantes y étaient annexées :

Dépositions des citoyens Bongioanni, Veglio, et Garmagnano régens des Classes du Prytanée, contenues dans les procès-verbaux du 21 et 22 pluviôse.

Dépositions des citoyens Olmi, Mezzera, Anselmi, Bidone, Carena, Crouset, et Burza, répétiteurs des classes du Prytanée, contenues dans le procès-verbal du 25 pluviôse.

Dépositions de deux domestiques du Prytanée, contenues dans le procès-verbal du 29 pluviôse.

Dépositions du citoyen Scavini régent la classe de Chirurgie au Prytanée (procès-verbal du 2 ventôse).

Dépositions du citoyen Turina, répétiteur au Prytanée (procès-verbal du 4 ventôse).

Dépositions des citoyens Gobbi, Bongioanni, et Borsaro (procès-verbaux du 2 et 4 ventôse).

Ce rapport ayant été appuyé par le nouveau Jury d'instruction publique, le Général Menou prît l'arrêté du 15 germinal, par lequel le citoyen Giraud a dû cesser ses fonctions de Directeur du Prytanée, et fut remplacé par le citoyen Incisa, ancien Gouverneur du Collège des provinces.

Par ces deux arrêtés, du 14 ventôse et du 15 germinal an 11, les fonctions de la Commission extraordinaire ont cessé à l'égard de l'enseignement, dont la surveillance passa entièrement au nouveau Jury d'instruction publique, qui s'empressera de donner à l'Administrateur Général une idée exacte des avantages qui ont résulté à l'Athénée, et singulièrement au Prytanée divisionnaire, du nouvel ordre de choses qui a eu lieu postérieurement.

42

La Commission ne passera pas sous silence les nouveaux établissemens importans qui doivent leur origine ou leur accomplissement aux vues bienfaisantes du Général Menou Administrateur Général de la 27.ᵉ division militaire.

Le premier est celui d'un musée d'histoire naturelle qui s'établit, sous ses auspices, dans le local de l'Académie des sciences.

Le second est celui de l'école spéciale de Dessein et des Beaux
Arts, à laquelle fut définitivement affecté un local vaste et digne
de son importance dans une des maisons de l'Athénée.

Le troisième enfin est celui de l'assignation d'un local plus
vaste et beaucoup mieux assorti pour le jardin des plantes.

La Commission extraordinaire a du s'applaudir d'avoir pris
quelque part à ce qui concerne ces précieux etablissements, en proposant les moyens nécessaires pour leurs premiers frais (Procès-
verbal du 18 messidor).

La Commission finira cette partie du rapport en rappellant à
l'Administrateur Général les mesures qu'elle lui a proposées,
de concert avec le Jury d'instruction publique, dans son rapport
du 9 floréal an 11, tant pour opérer les économies nécessaires
dans l'administration économique de l'Athénée, que pour faire
droit aux réclamations des anciens professeurs et employés de
l'Athénée, qui, sans avoir démérité, avaient été privés de leurs
emplois, ou de leurs pensions de retraite.

A ce rapport était joint un procès-verbal de la séance du 30
germinal, qui avait eu lieu entre les membres de la Commission
extraordinaire et ceux du Jury.

L'Administrateur Général ayant cru de devoir suspendre toute
délibération à cet égard, malgré les nouvelles représentations, qui
lui furent faites soit par le Jury d'instruction publique, soit par

la Commission extraordinaire, dans une lettre du 22 prairial, signée par les deux Présidens, ladite Commission s'est vue dans la nécessité de retarder aussi la présentation du bilan des dépenses du dernier semestre de l'an 11, qu'elle avait préparé, jusqu'à ce que les bases en fussent assurées *.

---

* Nous avons ensuite rédigé le projet de bilan conformément aux mesures proposées. Il a été par nous consigné aux Inspecteurs généraux des études, qui se chargèrent de le présenter à l'Administrateur Général, et d'en conférer avec lui.

DEUXIÈME PARTIE.

*De l'examen des comptes des années 9 et 10,
rendus par l'Administration économique
de l'Athénée.*

CHAPITRE PREMIER.

*Apperçu des effets qui composent le patrimoine
de l'Athénée.*

En vertu des arrêtés de la Commission Exécutive des 30 brumaire, 10 frimaire, 10 et 25 nivôse, 9 et 26 pluviôse et 16 ventôse an 9, le patrimoine de l'Athénée se trouve composé des effets suivans, savoir:

1.º Des biens-fonds et revenus du Séminaire de S. Bénigne.

2.º Des biens-fonds et revenus du Séminaire de Turin.

3.º De ceux du Collège des Missionnaires de Turin.

4.º De ceux appartenans à la Chartreuse de Collegno.

Toutes ces corporations furent supprimées.

5.º Des maisons de l'Athénée, de la ci-devant Académie, du ci-devant Collège des nobles, de l'ancien Collège Guidetti, et de l'ancien Collège des provinces.

6.º Des biens-fonds et revenus des Minimes de Turin, et d'autres communes.

7.º De ceux de la ci-devant Commenderie de Stupinis, et de Vinovo.

8.º De ceux qui précédemment appartenaient au Collège national.

9.º De ceux de l'Abbaye de Casanova.

10.º Enfin de ceux des ci-devant Commenderies de Staffarda, de S. Antoine de Ranverso, de S. Charles, et de la Bien-heureuse Marguerite.

Par arrêté du 26 pluviôse de la même année, la Commission Exécutive déclara à la charge des Finances toutes les dettes des corporations supprimées: et par arrêté du 5 germinal suivant, elle les chargea aussi du payement de toutes les pensions, que l'ancien Magistrat de la Réforme avait accordées à différens professeurs et employés, lesquelles étaient antérieurement payées par l'Economat général des benefices vacans.

L'Athénée resta uniquement rédevable des pensions accordées aux Minimes supprimés, et des prestations annuelles ordonnées par le feu Cardinal *delle Lanze* en faveur du Séminaire de S. Benigne.

Par autre arrêté de la Commission Exécutive du 16 ventôse an 9, toutes les créances appartenantes auxdites corporations, dont les biens avaient été cedés à l'Athénée, furent déclarées appartenir à cet établissement.

Cependant, par déliberation du Conseil supérieur autorisé par arrêté du Général Jourdan du 23 fructidor au 9, l'Athénée céda aux Finances un capital de 108,875 livres, 5 sous, correspondant à la rente annuelle de 4764 livres, 13 sous, 8 deniers, sur les fonds publics des *Monti et Tasso* appartenant aux susdites corporations.

46

Par l'arrêté du 26 pluviôse an 9 la trésorerie particulière - de l'Université ayant été supprimée, il fut ordonné que les sommes provenantes des rétributions ou dépôts faits par les étudians pour recevoir leurs grades, et par les pensionnaires du Collège des provinces, seraient versées dans la caisse de l'Administration économique,

Par le même arrêté la Commission Exécutive ordonna que les payemens des indemnités aux professeurs et autres employés, et des sommes affectées aux différens établissemens de l'Athénée, ne seraient faits par la caisse de l'Administration qu'à commencer du trimestre à échoir à la fin du mois de juin 1801 v. s., et que jusqu'au mois de mars antécédent ils continueraient à être à la charge des Finances.

Par un arrêté du Général Jourdan en date du 6 brumaire an 10, la maison précédemment appartenante au Collège des Missionnaires de Turin ayant été affectée au Tribunal de première instance séant en cette ville, elle cessa de faire partie du patrimoine de l'Athénée, auquel cependant une indemnité fut réservée.

Par l'arrêté du Général Jourdan du 1.er floréal an 10, qui a mis l'école Vétérinaire sous l'Administration économique de l'Athénée, il fut statué, que le palais dit du *Valentin*, avec ses dépendances, serait définitivemeut affecté audit établissement, et que les frais de grosse réparation dudit bâtiment seraient à la charge de l'Administration économique.

Dernièrement, d'après les concerts pris entre le Préfet du département du Pô, le Jury d'instruction publique et le Maire de la ville de Turin, le bâtiment de l'Académie fut destiné à l'établissement du Lycée.

Le 5 floréal an 11 la Commission extraordinaire et le Jury
ont demeuré d'accord de demander en compensation de ce bâtiment ainsi que du Collège des Missionnaires sus-mentionné, la
cession, 1.° de la maison dite de S. Joseph appartenante jadis
au couvent supprimé du même nom, 2.° de la maison qui était
propre du couvent de Ste Claire, 3.° de ce qui reste des bois
taillis de Stupinis attenant à ceux qui appartiennent déjà à l'Athénée. Il n'y a encore rien de statué sur cet objet.

Tels sont les effets constituans le patrimoine de l'Athénée,
dont la régie fut confiée, par arrêté du 10 frimaire an 9, à une
Administration composée de trois administrateurs, d'un secrétaire, d'un sous-secrétaire, d'un caissier et d'un contrôleur à la
caisse. L'article 4 de cet arrêté porte, que pour la caisse de
l'Athénée on doit observer les réglemens prescrits à tous les bureaux administratifs du pays.

CHAPITRE II.

Compte de l'Administration Économique de l'an 9.

Cette Administration présenta au Conseil supérieur de l'Athénée
le compte de l'an 9. Le Conseil nomma le citoyen Rossi ci-
devant Auditeur à la Chambre des comptes supprimée, pour
l'examiner, et lui en faire un rapport.

Le citoyen Rossi fit ce rapport. Mais la Commission extraordinaire ayant été créée avant que le compte fut arrêté, c'est à
la Commission que le rapport fut transmis avec le compte rendu
et les pièces justificatives.

48.

De l'examen qué le citoyen Rossi a fait, il résulte que la recette de l'an 9 est montée à la somme de . 534,158 3 2

Cette recette a été le produit des biensfonds suivans.

1. Du Séminaire de Turin	»	36331 1 2
2. Des biens des Minimes	»	23464 10
3. De ceux des Missionnaires	»	30824 17 8
4. De la Chartreuse de Colegno	»	60938 5 6
5. Des maisons de l'Athénée, de l'Académie, des Collèges des nobles, Guidetti et des provinces	»	8070
6. Des biens de Cumiana, aussi du Collège des nobles	»	300
7. Des biens de Stupinis	»	92237 10
8. De ceux du Séminaire de S. Benigne	»	7278 4
9. Idem de Stafarda	»	86271 15
10. De S. Antoine de Ranverso *	»	15203 10
11. De Casanova	»	63195 12
12. Dépôts des examens	»	43042 4 8
13. Casuels imprévus	»	67000 13 2

Total » 534,158 3 2

Sur cette somme la caisse de l'Athénée n'avait effectivement reçu en argent que le montant de . . » 391,074 13 2
Le reste, savoir . . . . . . » 143,083 10
Était à recouvrer

* Le domaine de S. Antoine de Ranverso forme une seule et même agence avec ceux de S. Charles, et de la B. Marguerite.

La dépense est composée des articles suivans,

1. Traitémens des professeurs et employés » 63365 14 6
2. Sommes allouées aux établissemens » 77961 11 4
3. Pensions aux réligieux . . . . » 19810 5 10
4. Prestations annuelles . . . » 5506 18 7
5. Traitemens des agéns . . . . » 6370 17 10
6. Impositions foncières . . . » 23654 16 11
7. Frais de réparations aux bâtimens et biens-
    fonds . . . . » 34134 14 5
8. Intérêts des capitaux dûs . . » 82 16 8
9. Dépenses imprévues . . . » 104342 7 5

Total » 335,230 3 6

Ajoutant à cette somme celle des restes non
recouvrés comme ci-dessus . . » 143,083 10

On a la somme de . . . . » 478,313 13 6

La caisse de l'Athénée resta donc en dette de 55844 9 8,
qu'elle a dû porter en ligne de compte à sa charge pour l'an 10.
Sur les pièces justificatives de la recette, le citoyen Rossi a
reconnu, que dans son ensemble ce compte est appuyé sur le
bilan de l'an 9.

Il a cependant remarqué, que dans ses détails ce compte
manque de plusieurs éclaircissemens, savoir:

1.° Rélativement aux maisons sises à Turin il devait y
avoir un état des contrats de locations que l'agent Cossano, par-

50

ticulièrement chargé de cette partie, aurait dû tenir, comme aussi un autre état des loyers, visé par un des Administrateurs, qui énonçât en outre les motifs des variations qui ont eu lieu par intervalle dans les loyers, ainsi que les concessions gratuites de logement, faites à plusieurs individus en vertu d'arrêtés particuliers.

2.° Que relativement aux biens-fonds, tous les contrats de bail n'étaient pas rapportés dans le compte, comme il était régulier de faire.

3.° Que les intérêts des rentes constituées, des prêts etc. etc. auraient dû se porter dans un compte détaillé, en distinguant les différentes créances par articles séparés, non en bloc comme on avait fait, et en énonçant la date des actes publics ou des écritures sous seing privé, d'où elles tiraient leur origine, de sorte qu'on eût vu clairement par qui, comment, et pour quel espace de tems les restes en étaient dûs.

4.° Que les intérêts des rentes, des prêts, et les loyers de l'année courante, auraient dû se porter dans leurs catégories respectives, mais que les arrérages de cette espèce auraient dû se rapporter sous la catégorie des casuels, s'ils étaient payés, et dans celle des restes, s'ils ne l'étaient pas.

Que la même chose aurait dû se pratiquer à l'égard des sommes allouées ou payées aux agens pour réparations ou autres dépenses.

5.° Que les indemnités et payemens faits aux metayers et autres personnes, auraient dû se classer également dans la catégorie des *casuels*, ce qu'on avait omis de faire.

6.° Enfin que les rétributions des examens auraient dû être portées dans une catégorie à part, séparée de celle des *casuels*, puisqu'elles forment une branche des revenus assez considérable et marquante pour l'Athénée.

En ce qui concerne la dépense, le citoyen Rossi observa

1.º Que cette partie du compte était justifiée par les ordonnances de payement ou *mandats* du Conseil supérieur et de l'Administration, visés dûment par le Contrôleur et par le secrétaire, de sorte qu'à quelques modifications prés pour des articles douteux ou omis, tous les payemens avaient été reconnus comme suffisamment justifiés, et qu'ils auraient pu être passés en compte, en y ajoutant quelques remarques.

2.º Qu'il est cependant essentiel, qu'à l'avenir toute confusion ultérieure fût évitée par les comptables, et qu'on rapportât aux différens articles du bilan les dépenses y rélatives.

3.º Que l'article des assignations et dotations devait être subdivisé en autant d'articles distincts, savoir :

1. Collège National.
2. Académie des sciences.
3. Société agraire.
4. École vétérinaire.
5. Académie des Unanimes ou Académie Subalpine.
6. Musées et Bibliothèques.
7. Ecole d'Architecture.
8. École de Dessein et de Sculpture.

Il a remarqué que cette distinction est nécessaire pour voir, si chacun de ces établissemens n'exige pas au delà de son contingent, pour régler les payemens à compte, et pour fixer les bases de la comptabilité des trésoriers particuliers de chaque établissement.

4.º Que l'Administration aurait dû avoir un état chronolo-

52

gique des arrêtés qui ont établi les assignations et dotations faites
à l'Athénée, et un autre état des arrêtés qui ont fixé les traitemens des employés ou déterminé leurs variations.

5.º Que sous l'article des réparations et dépenses pour les maisons et les biens-fonds il ne fallait point rapporter confusément
les à-comptes payés aux agens et ouvriers, sans ordre de date,
et sans énoncer les personnes; mais que le tout devait se dis-
tinguer par des comptes particuliers, en désignant le nom de
chaque créancier, les à-comptes par lui reçus, ou la solde du
compte qu'on devoit tâcher de ne pas différer au delà de l'année courante, autant que possible.

6.º Que l'article 9 des casuels devoit avoir deux parties, dont
l'une fut intitulée de la distribution et restitution des dépôts pour
les examens, qui ne doit point être confondue avec les autres
casuels.

Qu'il fallait faire aussi un article à part des pensions exigées
des pensionnaires du Collège national ou Prytanée, si cependant
il n'est peut être pas plus régulier d'en laisser le recouvrement
à la caisse particulière du Collège.

Que de même on n'aurait pas dû rapporter sous l'article des
casuels les à-comptes payés aux agens pour dépenses et réparations, parce qu'il est essentiel pour la clarté et la régularité du
compte, qu'on observe à cet égard ce qui a été dit à l'article
cinquième de ces remarques.

Le citoyen Rossi a de plus observé, que le bilan des fonds
et des dépenses divisé dans leurs catégories respectives, doit être
la règle de l'administration:

Que dans la partie des fonds on ne doit rien négliger de ce
qui peut mettre dans son jour les titres et l'origine de chaque

espèce de revenu, quelque modique qu'il soit, pour qu'il résulte si à la fin de l'année le tout a été recouvré:

Que dans le grand livre des catégories chaque somme doit être rapportée à sa place avec les ordonnances ou mandats des payemens à-compte ou de solde, ce qui demande une attention scrupuleuse de la part du contrôleur pour éviter toute confusion des fonds respectivement assignés:

Que dans le cas que ceux qui délivrent les mandats eussent excédé la somme assignée, il était du devoir du caissier d'en suspendre le payement, et d'en avertir l'administration pour qu'elle puisse obtenir d'autres fonds, ou se faire autoriser autrement, parce que, sans une autorisation supérieure, l'administration ne peut apporter aucune variation au bilan:

Que tel est le vrai système de comptabilité à suivre, puisque d'ailleurs s'il n'y a pas de bilan exactement formé, ou s'il n'est point exécuté à la lettre, autant vaut-il, qu'il n'y en ait aucun.

Il finit en observant que toutes les irrégularités qui se rencontraient dans le compte étaient tolérables pour la première année d'une administration nouvellement établie, mais qu'il était indispensable de les éviter à l'avenir, et il conclut à ce que les comptes fussent approuvés.

La Commission extraordinaire, à laquelle par arrêté de l'Administrateur Général du 26 pluviôse an 11, fut adjoint le citoyen Viretti, ci-devant Auditeur à la Chambre des comptes, ayant entrepris la révision desdits comptes, a dû reconnoître que toutes les observations faites par le citoyen Rossi étaient justes et fondées, et que les irrégularités par lui relevées n'étaient que trop avérées, d'après sur-tout l'obligation qui avait été imposée à l'Administration économique de l'Athénée, soit de suivre les réglemens des bureaux administratifs du pays, soit de présenter ses comptes chaque année au magistrat de la Chambre des comptes; ce qui suppose que ces comptes devaient être tenus selon les règles de la Chambre.

Elle a dû remarquer en outre, pour ce qui concerne l'actif du bilan, ou la recette, que l'Administration économique avait apporté une très-grande négligence dans la formation des inventaires dressés à l'occasion de la suppression des corporations, dont les biens ont été affectés à l'Athénée. Ces inventaires auraient dû contenir exactement non seulement les effets de tout genre appartenant à chaque corporation, mais aussi les titres et les actes qui constataient le montant des revenus respectifs; à défaut de quoi il est presqu'impossible de vérifier si tout ce qui avait appartenu à ces corporations, était réellement passé à l'Athénée:

Que la même négligence se fait remarquer en ce qu'on a omis de faire des états détaillés des obligations contractées par chaque fermier, métayer et locataire, de sorte qu'il est impossible de reconnaître, si par dessus le loyer il est dû par quelqu'un d'eux des prestations en nature, en bétail, ou autres, ou bien s'il est chargé d'acquitter des cens, des impositions etc.

Qu'en effet on trouve dans la recette les deux articles suivans: L'un de 1050 livres en bétail et en instruments d'agriculture (que dans la langue du pays on nomme *scorte*);

L'autre de 287 liv., 12 s. pour un à-compte du revenu d'un moulin de Carmagnole, sans que ni l'un, ni l'autre de ces objes aient été rapportés dans l'actif du bilan:

Ce qui fait présumer qu'il puisse y en avoir d'autres, dont on n'ait pas fait mention.

En ce qui concerne la dépense, la Commission a observé:

1.º Que plusieurs articles résultaient payés par l'Administration économique d'après des simples lettres particulières de quelque membre de la Commission Exécutive, ce qui avait déjà été observé par le citoyen Rossi, et qui à la verité n'est pas fort régulier.

2.º Que la facilité avec laquelle on ordonnait des dépenses extraordinaires a fait monter les dépenses casuelles à une somme beaucoup plus forte que celle qui avait été fixée pour cet article, et ce sans qu'il résulte d'aucune autorisation de l'Administrateur Général, comme il paraît qu'on aurait dû obtenir, après que la Commission Exécutive avait cessé ses fonctions, puisque c'était à l'Administrateur Général que l'approbation du bilan était réservée, même en vertu de l'arrêté qui avait créé le Conseil supérieur. Or il est bien inutile qu'un bilan existe, s'il peut être enfreint par une somme exorbitante de dépenses imprévues. Telle est certainement celle de 104,342 livres, qui est à-peu-près le tiers de la dépense totale de l'an 9.

3.º Que pour la délivrance des ordonnances de pâyement en faveur des différens établissemens de l'Athénée, savoir aux cabinet de Physique et de Chimie, aux musées, aux bibliothéques on n'a aucunement exigé des notes distinctes et dûment appuyées des dépenses faites, de sorte que, contre toutes les règles d'une bonne gestion, ni l'utilité, ni même la réalité de ces dépenses n'ont pas été justifiées.

CHAPITRE III.

Compte de l'Administration économique de l'an 10.

Toutes les irrégularités qu'on vient de relever dans le compte de l'an 9, se présentent également dans le compte de l'an 10. Ce qui doit paraître encore plus étrange, c'est que le compte de l'an 11 avait été commencé et établi par l'ancienne Administration sur le même système, malgré ce qui était prescrit par l'arrêté du 10 frimaire an 9, et non obstant les règles tracées, soit par le Général Jourdan dans sa lettre du 19 thermidor an 10, rapportée dans les *notions préliminaires,* soit par le cit. Rossi ex-auditeur dans les observations par lui faites sur le compte de l'an 9.

§ Ier.

Remarques générales sur la recette et la dépense de l'an 10.

Voici un résumé de la recette et de la dépense de l'an 10, suivant le compte présenté.

RECETTE.

Chap. 1. Dette du trésorier pour l'an 9 . . . » 55844 9 8

2. Arrérages * . . . . » 146031 18 10

3. Séminaire de Turin . . . . » 38801 0 6

4. Biens des Minimes . . . . » 26162 12 1

5. Biens des Missionnaires . . . » 31090 7 1

6. De la Chartreuse de Colegno . . » 57797 9 3

7. Maisons . . . . . . » 11166 7 2

8. Biens de la ci-devant Commenderie de

Stupinis . . . . . . » 68495 8 0

9. Du ci-devant Séminaire de S. Benigne » 7561 17 6

10. De la ci-devant Commend. de Staffarda » 121018 19 6

11. De S. Antoine de Ranverso . . » 19748 16 5

12. De Casanoya . . . . . » 104301 15 10

13. Casuels imprévus . . . » 32280 9 10

14. Dépôts ou rétributions des étudians » 65327 1 8

Total » 785628 13 4

---

* La partie des arrérages à recouvrer était extrémement embrouillée, et leur montant toujours incertain. Le nouveau directeur vient de faire procéder à une liquidation, qui à l'avenir sera la vraie base de ce que le trésorier doit porter dans ses comptes pour l'article des arrérages.

DÉPENSE.

1. Traitemens des professeurs et employés » 143207 12 8
2. Assignations et dotations des Académies

  et autres établissemens . . » 163638 6 5

3. Pensions viagères . . » 17229 15 0
4. Idem et annuités . » 11065 0 9
5. Indemnités aux Économes . » 4528 4 6
6. Contributions . . . » 74400 13 6
7. Réparations aux bâtimens et biens-fonds» 30774 11 2
8. Dépenses diverses, qu'on a intitulé

  Chapitre unique . » 87885 5 1

 Dépenses pour l'an 9 . » 12002 14 11

 Rétrocessions de créances . » 183543 13 1

 Fonds de caisse . » 57352 16 3

      Total » 785628 13 4

Les articles de recette n'énoncent, pour le plus grand nombre, l'indication des pièces sur lesquelles ils sont appuyés; parce qu'à l'égard des biens-fonds, on n'a pas énoncé les dates des contrats de bail, leur durée, et l'échéance des payemens: et quant aux maisons, on n'a pas joint un tableau de tous les locataires. Ces spécifications cependant étaient d'autant plus indispensables dans le compte, qu'elles avaient été omises dans le bilan, où elles auraient dû aussi se trouver.

Les catégories de la dépense ne répondent pas aux catégories du bilan. Elles sont portées à onze dans celui-ci : on n'en voit que huit dans la dépense : ce qui a causé le plus grand embarras pour démêler chaque article de la dépense, et pour voir à quelle catégorie du bilan il doit se rapporter.

Les traitemens des employés sont portés confusément au chapitre premier et au second, savoir un ou deux trimestres des traitemens, au chapitre premier, et les autres au chapitre second, et ainsi de suite pour toutes les autres dépenses, de façon que, d'après ce compte, il est très-difficile de vérifier si l'on n'a pas dépassé les bornes fixées dans le bilan pour chaque article de dépense.

Le chapitre dernier, qui a pour titre *chapitre unique*, contient pêle-mêle presque tous les autres articles : on y a porté les dépenses de l'école Vétérinaire, de l'Anatomie, les contributions, les pensions viagères, et les dépenses éventuelles.

§. 2.

*Remarques sur la dépense , relativement au trésorier ,
et à la comptabilité de caisse.*

Quoique tout défaut d'exactitude soit répréhensible dans un trésorier, nous ne releverons pas cependant quelques petites erreurs, telle que serait par exemple le remboursement fait à Michel Grosso fermier (mandat N.º 39) de 219 fr. 5 4 pour contributions foncières par lui payées, tandis que les quittances qu'il a présentées de ces mêmes payemens, ne montent qu'à la somme de 210 8 8.

C'est dans la forme des pièces de comptabilité que nous trouvons un grand nombre d'irrégularités.

Par exemple, le billet du citoyen Laboulinière pour le quatrième trimestre de son traitement de professeur adjoint paraît être plutôt une simple réclamation de payement qu'une vraie quittance en bonne forme.

On ne voit point de reçu annexé au mandat 13 du Prytanée pour 780 livres, payées au citoyen Marchisio économe, lequel cependant les porte en recette dans ses comptes.

L'on a aussi admis pour quittances des trois derniers quartiers de pension les signatures de la dame Ange Monton pensionnaire, toutes trois faites avec différens caractères, tandis que le mandat du premier trimestre avait été signé par elle, en traçant simplement une croix sur le papier, suivant ce qui se pratique en Piémont par les personnes qui ne savent pas écrire.

Pour ne pas nous appésantir sur des semblables fautes qui au premier abord paraissent minutieuses, et qui cependant peuvent être de conséquence, nous n'ajouterons plus qu'un mot sur une sorte d'irrégularité qui s'est trop souvent présentée à nos yeux. C'est celle de voir le trésorier lui-même souscrit comme témoin aux signes que les personnes, qui ne savaient pas écrire, faisaient aux mandats de payement pour tenir lieu de quittances.

§ 3.

Remarques relatives aux ordonnances de payement.

Une Administration quelconque, une fois régularisée, ayant devant elle un bilan approuvé par une Autorité supérieure, ne doit ordonnancer de payemens, qu'en conformité du bilan, ou d'après une autorisation spéciale.

Plusieurs fois on s'est écarté de cette règle dans les ordonnances de payement délivrées en l'an 10 sur la caisse de l'Athénée.

En comparant les articles de dépense avec le bilan de l'an 10, suivant les différentes catégories, on voit par exemple, à l'égard des traitemens,

Qu'il a été payé au citoyen Tobone, maintenant juge au tribunal d'appel, le traitement de professeur pour tout le mois de brumaire an 10, quoiqu'il ait été remplacé le 10 dudit mois en qualité de professeur effectif par le citoyen Cridis, auparavant professeur substitut. Il y a ici une duplication de traitement pour 20 jours, et une surcharge à la caisse, qui devait être approuvée par l'Autorité supérieure, quoiqu'il y eût le plus juste motif d'en déterminer l'approbation, n'ayant le citoyen Tobone touché le traitement de membre du tribunal d'appel, que depuis le premier frimaire:

Que les citoyens Casanova et Mangosio nommés l'un professeur, l'autre professeur substitut à l'école Vétérinaire par arrêté du 6 messidor an 10, ont touché leurs traitemens à compter du premier messidor, quoique l'arrêté ne contînt aucune disposition expresse à cet égard.

Pour ce qui concerne les dépenses de réparations et autres variables de toute espèce, elles ont si visiblement excédé les sommes portées pour ces objets dans le bilan, qu'il est inutile d'entrer dans des détails à ce sujet. En supposant même les motifs les plus urgens d'utilité, rien ne dispensait les Administrateurs de demander une autorisation supérieure et expresse pour dépasser les bornes du bilan, ou dans les cas vraiement pressans d'obtenir une approbation postérieure *.

Le même abus déjà relevé, dans le chapitre précédent, à l'égard du payement de plusieurs dépenses variables sans pièces à l'appui eut aussi lieu dans l'exercice de l'an 10.

Le parallèle susdit de la dépense avec le bilan, nous a fait connaître aussi, que par des événemens imprévus, tels que vacance d'emploi, décès de ceux qui jouissaient de pensions viagères etc. etc., une réduction s'était opérée par elle-même dans la dépense calculée dans le bilan. Nous avons évalué cette épargne environ à huit mille francs (V. le tableau C).

---

* Cela était d'autant plus nécessaire, que les membres du Conseil supérieur de l'Athénée ne pouvaient pas ignorer, que ni le Général Jourdan, ni le Ministre de l'intérieur ne paraissaient pas fort satisfaits, sous le rapport de l'économie, même des sommes qui avaient été portées dans le bilan pour quelques dépenses variables.

Le Général Jourdan, dans la lettre qui leur a ecrite le 18 frimaire an 10, s'exprime en ces termes :

» J'ai examiné, citoyens, le bilan que vous avez arrêté, concernant l'emploi des fonds de l'Athénée pour le courant de l'an 10. Je ne dois pas » vous laisser ignorer que diverses assignations faites pour des entretiens » et des réparations me paraissent portées fort haut, et je vous invite à veiller » scrupuleusement à l'emploi de ces sommes, afin qu'elles tournent à l'avan- » tage de l'établissement qui est confié à votre administration; et que la » plus stricte économie préside à cet emploi.

Le Ministre de l'intérieur, dans sa lettre du 4 nivôse an 10, dont extrait leur a été communiqué par le Général Jourdan le 21 du même mois, s'énonce comme ci-après :

» J'ai reçu, citoyen Général, avec votre lettre du 14 frimaire, le bilan de » l'Athénée national de Turin pour l'an 10. Je vois par ce tableau, que la » somme de 460,048. 8. 10, formant les revenus de cet établissement, est re-

Malgré cette circonstance, et malgré que dans les deux années 9 et 10, il y ait eu une recette extraordinaire non prévue
dans le bilan de 99280 9 10, savoir:

En l'an 9 . . » 67000
En l'an 10 . . » 32280 9 10

———————

» 99280 9 10

Néanmoins après le compte de l'an 10 il y eut encore
73719 4 4 de dettes à payer (V. le tableau D).

———————

» partie de manière qu'il reste en caisse un excédent de 4718 fr. 17 6. Je
» dois des éloges à l'ordre provisoire, que vous avez établi à cet égard.
» Peut-être serait-il avantageux de porter plus loin dans la suite ce moyen
» d'amélioration, soit par des suppressions de places peu importantes,
» soit par des économies d'un autre genre, afin d'avoir toujours des fonds
» libres pour parer aux dépenses accidentelles et imprévues.

» Telles seraient les économies qui pourraient résulter de la réduction
» d'une partie de leur traitement pour les membres de l'Athénée qui réuni
» raient aux places d'enseignement des fonctions administratives ou judi
» ciaires, ainsi qu'il s'en trouve plusieurs dans le tableau que vous m'avez
» adressé. Mais comme vous observez que la cumulation de traitement, au
» torisée en pareil cas sous le Gouvernement provisoire, a eu lieu jusqu'à
» ce jour, et que c'est ce qui vous a empêché de la défendre, je pense que
» vous pouvez laisser subsister cet usage pendant le cours de cette année.
» Ce terme expiré, il me paraît nécessaire de revenir à des mesures plus
» justes et plus économiques.

L'an 11 expiré, l'on a songé, à ce qui semble, à faire d'autres réductions
et économies que celles qui étaient indiquées par le Ministre.

§. 4.

Observations sur le fonds de caisse resté après le compte de l'an 10.

D'après les réflexions que nous venons de faire, il est aisé de sentir, que le fonds de caisse de 57352 16 3 n'était certainement pas une épargne faite sur les bilans des deux années 9 et 10. Il est également évident, que ce fonds de caisse n'était pas libre et disponible pour des nouvelles dépenses, ainsi qu'on a voulu faire accroire, dès qu'il y avait une plus forte somme de dettes à payer, et que d'ailleurs on ne pouvait guères compter sur un recouvrement bien prompt des créances arriérées, que le trésorier venait de rétrocéder, après qu'il s'était déjà écoulé quatre mois de l'an 11.

Rien n'était cependant si urgent que de solder ces dettes, parce que d'une part il y avait toujours beaucoup de plaintes sur le retard du payement des assignations, des pensions viagères, des contributions publiques etc., et d'autre part c'était-là le seul moyen de dégager l'Administration de l'Athénée des entraves multipliées qui s'opposaient à en régulariser la marche, et à assurer tous les services: ce qui sera plus amplement expliqué dans la 4.e partie de ce rapport.

Mais eclaircissons encore mieux l'affaire. On se tromperait étrangement, si l'on croyait que le jour 30 nivôse de l'an 11, c'est-à-dire à l'expiration de l'année financière qu'on avait adoptée pour époque du compte rendu de l'année précédente, il existât effectivement en caisse ce fonds de 57352 16 3, en voici la preuve.

Il résulte des registres qu'on tient à l'Administration économique, que pendant les quatre premiers mois de l'an 11 on a dépensé pour l'exercice de cette année 38081 francs, 51 centimes, tandis qu'on n'en a recouvré pour le même exercice que 16439 fr. 1 1|2. Où a-t-on pris les restans 21642 fr. 49 1|2 à dépenser pour l'an 11 ? certainement dans les fonds de l'an 10 : d'où il suit, que ces fonds s'étaient déjà réduits à ladite époque du 30 nivôse an 11, à 35710 fr. 31 1|2, et cependant le premier quartier de l'an 11 était déjà échu.

Mais veut-on savoir quelle était l'étendue des fonds de l'Athénée depuis le commencement de l'an 11 jusqu'au mois de ventôse de la même année ? Compulsons les registres du Conseil supérieur. Voici un extrait fidelle des procès-verbaux de ce Conseil, rélativement aux fonds de caisse.

Le 22 vendémiaire an 11, le citoyen Tarini président de l'Académie des sciences, avait demandé de l'argent pour les dépenses rélatives à la formation d'un musée de tableaux, que le Général Jourdan avait arrêté pour la 27.e division militaire.

On lui observa, qu'il n'y avait pas de fonds en caisse.

Le 26 vendémiaire le même citoyen Tarini réclama inutilement l'arriéré dû à l'Académie des sciences pour l'objet énoncé dans la séance précédente.

Le 6 brumaire, le Conseil supérieur demandait des fonds pour faire frapper la médaille que l'Athénée et l'Académie des sciences avaient décrétée en l'honneur du Premier Consul, et pour célébrer l'époque de la réunion du Piémont à la France.

L'un des membres de l'Administration économique, qui était présent, allégua un défaut absolu de fonds.

Le Conseil supérieur arrêta, que les citoyens Brayda et Bon-

66

vicino auraient tâché de disposer le citoyen Colla fermier, à payer
un à-compte de 3.m francs.

Le 20 brumaire il y avait 15.m francs en caisse : aussitôt on
fit la répartition de 13.m.

Le 27 brumaire, la caisse contenait 7.m francs. On en affecta
la plus grande partie aux objets les plus urgens.

Le 11 frimaire, le fonds de caisse montait à 3.m francs. On
en a reparti 3420.

Le 18 frimaire, sur 4.m francs de fonds de caisse, on en par-
tagea 4600.

Le 2 nivôse le Conseil supérieur ordonna le payement de
l'avant-dernier trimestre échu, c'est-à-dire du dernier trimestre
de l'an 10, au Prytanée et à l'Académie des sciences.

Le 1.er pluviôse, on observa que le fonds de caisse était in-
suffisant pour payer le premier trimestre de l'an 11. Le Conseil
supérieur ordonna qu'on ouvrit le payement des traitemens qui
n'excédaient pas les 600 francs pour la totalité, et quant aux
traitemens plus forts, pour la moitié.

Le 12 pluviôse le fonds de caisse s'élevait à 12.m francs. On
a ordonnancé des payemens pour 6500.

Le 11 ventôse le citoyen Tarini apporta au Conseil supérieur
une lettre du citoyen Saluces, académicien, membre du nouveau Jury, dans laquelle il se plaignait de ce que l'Académie
n'avait encore touché qu'un peu plus de la moitié du dernier
trimestre, que presque jamais elle n'était payée à l'échéance,
et que cependant on s'occupait toujours de dépenses nouvelles
et superflues, à commencer par la Minerve, dont le sculpteur
Comolli avait été chargé. Cette lettre est insérée dans le procès-
verbal de la séance du Conseil.

Dans cette même séance le Conseil supérieur, attendu la modicité des fonds de caisse, ordonna un sursis de tous les payemens.

La Commission extraordinaire a cru que dans ces circonstances il était sage d'apporter quelque retard à la mise en activité de l'école de musique.

TROISIÈME PARTIE.

De l'examen des comptes de l'an 9 et de l'an 10, et d'une partie de l'an 11, du Prytanée divisionnaire, c'est-à-dire, jusqu'au 30 germinal de cette année.

CHAPITRE PREMIER.

Observations sur la comptabilité en général du directeur du Prytanée.

IL n'est pas douteux, que le citoyen Sébastien Giraud, nommé Gouverneur du Collège national, qu'on appelle à présent Prytanée divisionnaire, était aussi chargé de la direction économique du Collège.

L'ancien Jury lui-même l'avoua dans son rapport fait à l'Administrateur Général le 7 pluviôse an 11, qui a été communiqué à la Commission extraordinaire par le citoyen Giraud le 25 du même mois.

Il y est dit : *La direction du Prytanée divisionnaire, dit ci-devant Collège national des provinces, est confiée à un directeur, qui avait ci-devant le titre de gouverneur, nommé par le Gouvernement. Il est chargé de la police et de l'administra-*

tion générale tant pour la partie littéraire et de discipline, qu'économique, à la charge d'observer les instructions 11 octobre 1746, billets du roi 20 novembre 1748, 6 février 1751, 3 janvier 1755, et les constitutions de l'Université des études en tout ce qui n'y a point été dérogé par les Gouvernemens républicains, et sous l'inspection supérieure du Jury, ou Conseil d'instruction publique, succédé à l'ancien magistrat de la Réforme.

Un économe choisi par le directeur, sous l'approbation du Gouvernement, est chargé de la gestion économique sous la surveillance spéciale du directeur, aux instructions duquel il doit en tout et par tout se conformer. . . . . L'économe ne peut faire aucun approvisionnement, et en arrêter le prix pour les denrées de tout genre, meubles, réparations, sans l'attache du directeur, sans recevoir les ordres particuliers chaque fois . . . . . . A la fin de chaque mois le directeur procède à la vérification de l'état de caisse, et à la vérification du compte mensuel de recette et de dépense, qu'il arrête d'après les pièces à l'appui.

Il s'ensuit de là, que le gouverneur du Collège était le seul et le vrai comptable envers le Gouvernement: ce qui devait d'autant plus avoir lieu à l'égard du citoyen Giraud, que l'économe Marchisio par lui choisi ne fut pas nommé par le Gouvernement, qu'il ne donna non plus caution de sa gestion, ainsi qu'il aurait dû faire suivant les règles et usages qui étaient en vigueur.

La comptabilité du Collège, sous l'ancien régime, a toujours été soumise au magistrat de la Réforme. Mais il est à remarquer: 1.º que très-rarement, comme on l'a vu plus haut, le Gouverneuf du Collège a été membre de ce magistrat : 2.° que le magistrat de la Réforme était composé de cinq sujets, tandis que le Conseil d'instruction publique ne restait plus qu'un corps de Magistrature de deux membres, qui devait juger le troisième membre, comptable et leur collègue au Jury et au Conseil supérieur : 3.° que cette reddition de comptes au magistrat de la Réforme n'empêchait pas que la comptabilité ne pût être révisée par le magistrat de la Chambre, ou une autre autorité quelconque, déléguée à cet effet par le Gouvernement.

C'est ce que le Général Jourdan pensait aussi à ce sujet, parce qu'il écrivit au citoyen Giraud, le 8 fructidor an 10 en ces termes : *je verrai moi-même*, dit-il, *le compte de votre gestion, lorsque le Conseil supérieur de l'Athénée me présentera la comptabilité générale de cet établissement.*

On a mis la Commission extraordinaire dans la nécessité de faire précéder toutes ces observations à l'examen des comptes du citoyen Giraud, parce que dernièrement on a prétendu de dire que l'économe du Collège avait une comptabilité à part, dont il devait répondre directement, et que les comptes du Collège, une fois arrêtés par le Jury d'instruction publique, ne pouvaient plus être examinés ou révisés.

Cette dernière prétention est analogue à celle que le Conseil supérieur avait soutenu en thermidor de l'an 10, qu'il appartenait à lui d'arrêter définitivement les comptes de l'Administration économique de l'Athénée, prétention qui n'eut pas de succès auprès du Général Jourdan, ainsi que nous avons déjà vu dans les *notions préliminaires.*

On omettra ici de répondre à toutes les difficultés qui ont été faites sur la compétence de la Commission extraordinaire, d'après les arrêtés, du 22 nivôse et du 4 pluviôse an 11, rélativement à l'examen des comptes du Prytanée.

Dès que le Général Jourdan a considéré les comptes de gestion du citoyen Giraud, comme faisant partie de la *comptabilité générale de l'établissement ;* dès que l'art. 2 de l'arrêté du 22 nivôse, en développant mieux le sens de l'art. 1, porte en termes exprès, que la *Commission s'occupera de la vérification . . . . des dépenses, auxquelles ces revenus* (de l'Athénée) *ont dû fournir depuis la dotation de l'établissement, jusqu'à l'an 11, en vertu des assignations légales, ou des autorisations émanées de l'autorité publique ;* dès que l'arrêté fut ainsi expliqué par l'autorité même qui l'a pris ; il faut convenir, que toutes les objections qu'on a faites à la Commission extraordinaire n'étaient que des vaines subtilités, de la nature de celles imaginées à l'occasion que le Général Jourdan voulait examiner la comptabilité générale de l'Athénée.

CHAPITRE II.

Examen des comptes du Collège, ou Prytanée.

Le citoyen Giraud, directeur du Prytanée, étant le seul et le vrai comptable, ainsi que nous avons démontré ; ses comptes auraient dû comprendre toute espèce de comptabilité rélative au Prytanée, en commençant du premier jour de sa gestion, jusqu'à l'époque où il a cessé ses fonctions : au lieu qu'on fit une distinction de comptabilité entre lui et le citoyen Marchisio économe du Collège, qu'on a fait commencer ces deux comptabilités à des époques différentes, et que celle du citoyen Giraud directeur, fut appélée en outre par ses collègues du Jury une comptabilité simplement *accidentelle* (V. l'arrêté de compte de l'ancien Jury du 12 fructidor an 10).

Les comptes du citoyen Giraud auraient dû aussi être dressés selon la forme de la Chambre des comptes, puisque, suivant ce qui était pratiqué jusqu'alors, les comptes de cette gestion devaient être examinés par un auditeur de la Chambre des comptes, qui c'était nommé à cet effet par le premier Président de ce Magistrat.

Le citoyen Giraud aurait aussi dû se charger non seulement de la grande quantité de meubles, tirés de plusieurs maisons religieuses supprimées, et de ceux, dont il prit possession le 24 messidor an 8, composant le fond des anciens Collèges des provinces et des nobles, mais aussi des denrées, vivres et autres objets de consommation qui lui étaient parvenus ou par achât, ou par quelqu'autre moyen que ce soit, et en justifier l'emploi, ou l'existence actuelle.

Ces opérations ont été omises. On se souvient, que l'ancien Jury avait aussi refusé à la Commission extraordinaire les pièces justificatives du compte rendu par le citoyen Giraud. Après l'entrée en fonctions des nouveaux membres du Jury, la Commission extraordinaire s'est fait remettre les papiers de toute espèce, relatifs aux comptes du citoyen Giraud, qui se sont trouvés dans les archives du Jury.

Elle fit aussi faire des recherches au secrétariat du Prytanée. Mais voici un fait qui s'est passé dans l'intervalle de temps entre la cessation des fonctions du citoyen Giraud, et l'installation du nouveau directeur Incisa. Il est consigné dans une lettre par

celui-ci adressée à la Commission extraordinaire le 3 prairial,
dont nous donnons ici la traduction littérale:

« Puisque, malgré les recherches multipliées faites dans ce
» secrétariat, je n'ai réussi à trouver des documens ou autres
» pièces rélatives aux comptes sus-énoncés (*il parlait des com-*
» *ptes du citoyen Giraud*), par ce motif je n'en ai pu avoir
» des notices plus claires, et en conséquence je ne puis que me
» référer aux observations que je vous transmets, quoique d'après
» le livre des dépenses que l'on fait actuellement, il semble ré-
» sulter qu'une différence assez considérable existe dans le prix
» des denrées. Il est de mon devoir de vous instruire aussi d'un
» fait arrivé quelques jours avant que j'entrasse en exercice de
» la direction du Prytanée.

» Un inconnu se présenta de grand matin au citoyen Eusta-
» chio ci-devant secrétaire du Prytanée: il se dit envoyé par
» le citoyen Marchisio ci-devant économe, et l'invita à lui con-
» signer la clef du secrétariat. Le citoyen Eustachio encore
» assoupi et indisposé n'hésita pas de la remettre. Ayant eu,
» quelque tems après, connaissance de ce fait, j'ai cru, qu'il
» était important de l'éclaircir: mais le citoyen Eustachio m'a
» dit, que, malgré les soins qu'il s'était donnés ce jour-là; et
» même postérieurement, il n'a pu parvenir à connaître le nom
» de la personne qui lui avait demandé la clef. D'autre part le
» citoyen Marchisio affirme, qu'aucun n'a été par lui envoyé.
» Tous les autres qui ont été interrogés, ignorent tout-à-fait
» cet événement qui me fait soupçonner, que dans cette cir-
» constance plusieurs papiers et documens utiles soient disparus.

Ce n'est qu'après ce que nous venons de rapporter, qu'on a
tiré du secrétariat du Prytanée les registres suivans:

74

L'un d'eux contient en détail l'entrée au Collège, et la sortie tant des boursiers que des pensionnaires.

L'autre est un registre particulier des pensionnaires, et des sommes payées par chacun d'eux.

L'inspection du premier de ces registres présente des indices très-urgens d'altération: ce sont l'addition matérielle qu'on y voit faite après coup de quelques cahiers, l'écriture toute récente de ces nouvelles feuilles, toute entière de la même main, et couchée de suite sans interruption.

En cet état de choses la Commission extraordinaire a dû adopter les seuls moyens de vérification qui lui restaient, et dont il sera parlé ci-après *.

Encore ces moyens n'étaient-ils applicables qu'à la gestion du

____

* C'est ici le lieu de prévenir un reproche, que quelqu'un sera tenté de nous faire, en lisant ce rapport. On dira que, dans l'examen des comptes nous nous sommes attachés quelque fois à des petits objets, que nous sommes descendus dans des détails beaucoup trop minutieux. Il y a deux réponses à faire à cette objection. La première est que presque toute sorte de comptabilité ne se compose que de petits élémens: de la diversité desquels dérivent cependant les différences les plus marquantes dans les résultats, et même des résultats opposés entr'eux. En second lieu s'il s'agissait d'une comptabilité qui présentât dans son ensemble des formes régulières, et des caractères frappans, de franchise et de vérité, sans doute il serait très-inconvenant de rechercher scrupuleusement les petites taches, et de s'arrêter aux défauts les plus légers. Mais le cas paraît être bien différent ici: toute la forme des comptes, le peu de traces qu'il nous reste pour les vérifier, et tant d'autres circonstances ont rendu cette sévérité nécessaire. C'est ici, que par un grand nombre de petites choses, lesquelles échappent quelque fois aux esprits les plus perçans et les plus attentifs, il est possible de juger des plus conséquentes, qui ne paraissent pas, et de la fidélité des comptes en général.

citoyen Giraud depuis le 23 frimaire an 9, jour de l'ouverture du Collège, jusqu'au 30 germinal an 11.

Pour ce qui concerne les frais de premier établissement, faits avant l'ouverture du Collège en l'an 9, la Commission extraordinaire n'a pu avoir des données d'aucune espèce. En conséquence cette comptabilité a été mise à l'écart.

Celle qui a eu lieu pendant le tems sus-énoncé, a été par nous divisée en quatre parties, comme ci-après :

1.º Comptabilité en denrées, vivres et autres objets de consommation achetés, d'après les comptes présentés.

2.º Comptabilité en argent, d'après les mêmes comptes.

3.º Comptabilité de plus fortes sommes en argent, que celles qui ont été portées en compte, ainsi que des denrées et autres objets de consommation, retirés des différentes corporations réligieuses.

On a jugé à propos de séparer cette comptabilité des deux précédentes, parce qu'elle est plus susceptible d'objections, et en conséquence de différens dégrés de certitude ou de probabilité.

4.º Comptabilité de meubles et autres effets de toute espèce tant des anciens Collèges des provinces et des meubles, que de ceux retirés des corporations réligieuses.

Il est utile d'avertir ici, que le compte rendu par le citoyen Giraud imprimé, dans plusieurs endroits, n'est pas entièrement conforme aux comptes originaux. Où ils ne sont point d'accord, il est clair, que nous avons dû suivre ceux-ci par préférence.

Article premier.

Comptabilité en denrées, vivres et autres objets de consommation achetés, d'après les comptes présentés.

Les achats des denrées et autres objets de consommation avec leurs prix respectifs ont été rassemblés et classés dans le tableau E.

C'est là le compte à charge du citoyen Giraud pour les objets de consommation.

La décharge doit résulter de la consommation effective, qui a pu être faite desdits objets pour l'entretien du Collège.

Comme à la fin de chaque année scolastique on n'a jamais fait d'inventaire de ce qui existait dans les magasins pour servir à la consommation de l'année suivante (inventaire qu'on a eu soin de faire à l'égard de ce qui a été consigné au nouveau directeur), on a dû nécessairement réunir les comptes des trois années 9, 10 et 11 ; et ce d'autant plus que le citoyen Giraud dans son compte rendu et imprimé n'a énoncé le nombre des journées de subsistance que pour l'an 10, et que ce nombre même ne s'accorde pas avec ce qui résulte des registres ci-dessus mentionnés.

Pour vérifier la consommation qui a pu être faite des denrées, vivres et autres objets de cette nature pour l'entretien du Collège, il a fallu déterminer pour les trois années réunies un nombre total des journées de subsistance. Nous l'avons fixé sur des bases, qui certainement ne peuvent pas être contestées.

Pour les boursiers on a calculé les journées d'après le registre sus-énoncé d'entrée au Collège et de sortie.

Pour les pensionnaires on a suivi ce livre quant à l'an 11. Mais pour l'an 9 et l'an 10 nous avions une règle infaillible dans les sommes que chacun des pensionnaires a payées, ou dont il est résulté débiteur, d'après le registre particulier des pensionnaires.

La pension mensuelle était fixée à 5o francs, ce qui revient à 1 fr., 13 s., 4 d. par jour. Or en divisant lesdites sommes payées ou dues par 1 fr., 13 s., 4 d., on doit avoir immanquablement le nombre des journées des pensionnaires.

Pour les employés le nombre des journées a aussi été déduit des sommes payées à chacun d'eux pour traitement, ou salaire, parce que ces payemens se faisaient aussi en proportion de tems.

Dans le nombre des journées on a compris celle de l'entrée, et exclus celle de la sortie, supposant que le départ de chaque élève a eu lieu le matin, et non le soir.

Et puisque le quinze messidor, jour de la clôture du Collège, suivant l'usage, on sert à manger à ceux qui y demeurent, on a fait l'addition d'une journée pour chaque individu désigné comme sorti ce jour-là.

De l'état journalier côté F * qui présente le mouvement des pensionnaires, on a déduit que le nombre de leurs journées est de . . . . » 24443

C'est-à-dire :

pour l'an 9 . . . . » 4603
10 . . . . . » 10478
11 jusqu'au 3o germinal » 9362

Journées des pensionnaires » 24443

* Cet état, ainsi que l'autre côté G, n'ont pas été imprimés par les motifs exprimés dans la note, qui est au bas du catalogue des tableaux.

Somme de l'autre part . . . . » 24443

Celui des boursiers côté G, en y ajoutant 40
journées pour ceux qui ne sont sortis que le 15
messidor, nous donne le nombre de journées . » 46092

Savoir :

pour l'an 9 . . . . » 13876
10 . . . . » 18601
11 jusqu'au 30 germinal » 13575
Addition pour le jour 15 messidor » 40

—————————

Journées des boursiers » 46092

Les journées des employés qui résultent dudit
journalier coté G . . . . » 20985

Savoir :

pour l'an 9 . . . . » 7255
10 . . . . » 7920
11 jusqu'au 30 germinal » 5810

—————————

Journées des employés » 20985

On doit ajouter encore les journées de seize élèves de Chirurgie, demeurés au Collège pendant les
vacances pour le service de l'hôpital de S. Jean,
c'est-à-dire depuis le 16 messidor de l'an 9 à
tout le 14 brumaire de l'an 10, jour de l'ouverture du Collège. Ces journées montent à . » 1984

—————————

» 93504

Somme ci-contre . . . . . » 93504

Pour l'entretien de trois domestiques fixes, pendant le tems sus-énoncé, journées . . . . » 372
Pour gens de service extraordinairement employés ce tems-là, on en ajoute * . . . » 24

Total des journées de subsistance pour les
trois années 9, 10, et partie de l'an 11 » 93900

Cette fixation est la plus favorable qu'on puisse faire au citoyen Giraud : parce que premièrement à l'égard des boursiers
on s'en est tenu tout simplement au registre d'entrée et de sortie du Collège, quoique il y ait des indices d'altération, comme
on a dit ci-dessus. Certes, si l'altération a eu lieu, elle n'a pas
été faite pour le préjudicier.

On a supposé en second lieu, tant par rapport aux employés,
qu'à l'égard des boursiers, une continuité de séjour dans le Collège depuis l'ouverture du Collège ou le jour d'entrée respective
jusqu'à la sortie ou à la clôture du Collège : tandis qu'il est possible, sur tout quant aux boursiers, que ce séjour ait été inter-
rompu dans l'année. On sait, entr'autres choses, qu'il était d'usage au Collège, que plusieurs élèves, avec la permission du Di-

---

* Peut-être ce calcul est-il un peu trop abondant : parce que le citoyen
Giraud dans son compte imprimé dit, que pendant ce tems-là on a tenu
le Collège ouvert pour les élèves de Chirurgie au nombre de 18 bouches.
Nous en avons calculé 19, et ajouté 24 journées de plus sur le total.
Dans les vacances qui s'écoulèrent entre les années 10 et 11 le Collège n'a
plus été ouvert pour les élèves de Chirurgie, ce qui est aussi remarqué
dans ledit compte imprimé.

recteur, se rendaient au carnaval en vacances chez eux pour quelques jours.

Malgré toutes ces facilités, il est remarquable que le nombre des journées ci-dessus fixées pour l'an 10 n'égale pas encore le nombre des journées de cette même année énoncé dans le compte imprimé du citoyen Giraud.

D'après tout ce que nous venons d'observer, il nous paraît de pouvoir établir le compte à décharge des objets de consommation achetés sur le nombre total des journées de subsistance 93900, que nous avons rapporté ci-dessus.

Suivant l'étiquette journalière de subsistance donnée par le citoyen Giraud dans son compte imprimé, on distribuait chaque jour à chaque individu,

Pain, dix-huit onces.

Viande, quinze onces.

Vin, une pinte, moins un sixième.

Fruits, six onces, compris 1|5 de consommation en cuisine.

Huile fin et beurre pour la table et cuisine, une once et demie.

Riz et légumes, quatre onces.

Fromage, une once et demie.

Fournitures, quatre sous.

Le citoyen Giraud nous explique lui-même dans son compte imprimé ce qu'il entend de comprendre sous cette dénomination générique de *fournitures*. Ce sont toutes les dépenses de l'entretien ordinaire du Collège, autres cependant que les traitemens des employés, les gages des domestiques, les pensions de retraite, et la nourriture proprement dite. Les fournitures sont donc les *menues réparations, l'entretien des ustensiles et meubles, le charbon, le bois de cuisine et chauffage, l'illumination, le blan-*

chissage, le raccomodage du linge et autres dépenses de détail.

D'après cette étiquette on aurait consumé pour les journées 93900 les quantités suivantes:

Pain, livres . . . . » 140850
Viande, livres . . . . » 117375
Vin, pintes . . . . » 78250
Fruits, livres . . . . » 46950
Huile fin et beurre, livres » 11737 1|2
Riz et légumes, livres . » 31300
Fromage, livres . . . . » 11737 1|2
Fournitures, livres en argent » 18780

Examinons en détail chacun desdits articles de consommation.

§. 1.

Pain.

A l'égard de l'étiquette du pain il faut observer que la quantité de 18 onces de pain pour chaque individu est excessive, puisqu'on ne peut supposer, que 150 individus environ, auxquels on fournit journellement à dîner une bonne soupe, deux autres pitances, du fromage et du fruit, et presqu'autant le soir, puissent, l'un portant l'autre, consumer 18 onces de pain par jour.

Ce qui le réprouve irrécusablement, c'est ce qui se passe maintenant sous l'administration du nouveau Directeur. Dans les mois de floréal, prairial et une partie de messidor an 11, la moyenne consommation du pain a été de quinze onces par individu, quoique on n'ait absolument rien innové sur la distribution qui avait lieu auparavant (V. le tableau H).

11

82

Il faut aussi remarquer que pour établir la quantité de froment nécessaire à la subsistance d'une population quelconque, on a toujours calculé en Piémont, que chaque individu en consuma mensuellement un boisseau piémontais, dit vulgairement *émine*, ce qui revient à 15 onces de pain par jour pour chaque tête.

Il résulte de l'état E que le citoyen Giraud a acheté les quantités suivantes de froment et de farine.

	Froment.			Farine.
Emines	» 3271	6	1|2	» 924
Il est resté en fonds le 30 germinal an 11	» 2	4		» 72 1|2
Résidu :	» 3269	2	1|2	» 848 1|2

Les expériences les plus assurées prouvent que chaque emine de froment produit 43 livres pesantes de pain, et 5 livres 1\|2 de son, s'il est réduit en gros pain ou pain mollet, et 33 ou 34 livres pesantes environ, et la même quantité de son, si l'on en fait du pain biscuit, dit *grissini*.

Comme au Prytanée on distribuait du pain des deux qualités, on a cru convenable de prendre la quantité moyenne, savoir le produit de 38 livres pésantes pour chaque emine, d'autant plus que d'après plusieurs expériences, juridiquement faites de formation de pains de 3 onces, un sac de bled (mesure *Camerale*) a toujours donné 38 livres 3\|4 chaque emine.

Il s'ensuit de-là que les émines 3269 2 1\|2 de froment ont dû produire en pain (V. le tableau H)

livres   onces

» 124233   10

Les rubs 848 1|2 de farine .   .   .   »   21212   6

Total .   .   .   .   .   » 145446   4

Sur le pied de 18 onces par tête, le nombre des journées 93960 emporte une distribution de   140850

Excédant de l'achat sur la consommation, livres de pain .   .   .   .   .   .   »   4596   4

Si l'on ajoute seulement deux onces au lieu de trois onces portées au dessus de la vraie consommation, qu'on a établi à 15 onces par tête, et par conséquent si l'on ajoute .   .   .   .   »   15650   4

Ledit excédant s'élève à .   .   .   .   »   20246   8

La quantité sus-énoncée de bled et de farine a dû produire aussi 18467 livres de son, en comptant cinq livres de son seulement pour chaque émine de bled, et deux livres 1|2 pour la farine.

De cette quantité on peut déduire un sixième pour le besoin de la maison, et réduire ainsi cet article à charge qu'il a entièrement oublié, à 15389 livres, c'est-à-dire à 515 rubs, 14 livres.

§. 2.

Viande.

Suivant le susdit état E, on a acheté 885 rubs, 10 livres, 9 onces de viande, et N.º 97 veaux, desquels, contre toute règle d'administration, le poids ne fut point porté en compte.

Pour suppléer cette omission, on a divisé le montant total du prix des veaux achetés qui est de 18127 livres, 12 ss. par 7 livres, 10 ss., qui est le prix moyen de chaque rub porté en compte par le citoyen Giraud. Le résultat de cette opération nous donne par approximation la quantité du poids de ces veaux en . . . . ℞. 2417 0 4

En y ajoutant celle du poids de la viande achetée, qui monte à . . . . ℞ 885 10 9

On a le total de . . . . ℞ 3302 11 1

En distribuant quinze onces par tête, et sur le nombre total des 93900 journées, on aurait dû consumer 117375 livres de viande, qui font . ℞ 4695

Excédant de la consommation sur l'achat ℞. 1392 13 11

Il faut avertir, que dans ce compte on a compris tous les jours, sans faire aucune distinction entre les jours de maigre et de gras, quoiqu'au réfectoire des élèves on n'ait jamais servi de gras les jours de maigre.

Somme ci-contre . . . . » 1392 13 11

Les employés et les domestiques ayant toujours été servis de gras, même les jours maigres, le compte des journées maigres se réduit aux seuls élèves. Le nombre des journées des élèves est, comme on l'a vu ci-dessus, de 24443 pour les pensionnaires, et de 46092 pour les boursiers, en tout de 70535 journées.

Or, supposons qu'il n'y ait que 110 jours de maigre dans toute l'année commune, et en conséquence comptons 110 jours de maigre pour chaque fois 365 journées. Encore ce calcul est-il peut-être trop faible : parce que l'année scolastique, c'est-à-dire la partie de l'année commune, qui comprend toutes les 70535 journées des élèves, est celle où il y a en proportion un plus grand nombre de jours de maigre, que dans le reste de l'année. D'après ce calcul, on a environ 21248 journées de maigre à déduire sur la consommation de la viande. Ces journées à 15 onces chacune portent . . . . » 1062 10

L'excédant de la consommation sur l'achat, distraction faite des jours de maigre, se réduit à » 330 3 11

§. 3.
Vin.

D'après le même état E, la quantité de vin achetée est de brentes 1587 12

Il est resté en fonds le 30 germinal an 11 . . . 131

Quantité consommée, brentes . . . . . » 1456 3

C'est un fait constaté qu'on n'a jamais distribué à chaque individu la quantité journalière d'une pinte de vin pur, moins un sixième par jour. L'usage jusqu'ici pratiqué a été de servir entre quatre élèves une grande pinte, contenant une pinte et demie. La sixième partie en est d'eau. D'où il suit que la distribution journalière par tête est de 5|8 d'une pinte.

Sur la base ci-dessus établie de 5|8 de pinte de vin pur pour chaque individu, la distribution qui a été faite pour le nombre total des journées 93990, monte à 58687 1|2 pintes, qui font brentes 1630 7 1|2

Il en a été acheté . . . . » 1456 3

La consommation excède l'achat de brentes » 174 4 1|2

A cet excédant on ajoute encore 3|8 de pintes pour les 20985 journées des employés, auxquels on distribuait une pinte de vin chacun sans mélange d'eau . . . . » 212 21 3|8

Excédant total de la consommation sur l'achat » 386 25 7|8

Nous verrons au troisième article de ce chapitre la quantité de vin que le citoyen Giraud a retirée des maisons réligieuses.

§. 4

Fruits.

Le total des fruits achetés, selon l'état E, est de ℔.   2197 12 10

Les 93900 journées à six onces chacune, donnent ℔.   1878

Excédant de l'achat sur la consommation   ℔.   319 12 10

On ne sait voir ce que signifient précisément les mots ajoutés par le citoyen Giraud à l'étiquette qu'il a donnée des fruits, *y compris 1|5 de consommation en cuisine.* D'abord ils ne paraissent pas applicables à des mets de fruits qui fussent préparés en cuisine, puisqu'il résulte des livres, que les fruits destinés à cet usage, faisaient partie de la dépense de la cuisine. L'étiquette n'est donc que pour les fruits proprement dits. Quoiqu'il en soit, il faut dire, ou que la véritable quantité distribuée entre tous n'était pas vraiment de six onces par tête, mais de 4 onces et 4|5, ou que les domestiques ne participaient point à cette distribution.

Dans la première hypothèse, on devrait ajouter audit excédant le montant de ℔. 375 15.

Dans le second cas, en déduisant 11107 journées de domestiques, qui sont comprises dans le nombre total de 93900 journées (V. l'état côté G); on devrait ajouter audit excédant le montant de rubs 222 3 6.

§ 5.

Huile fin et Beurre.

§ 4.

Attendu l'analogie de ces deux objets pour la consommation, nous les réunissons.

L'état E nous démontre, que la quantité qui en a été achetée, monte à 672 23 10

Savoir:

Huile	428	9	4
Beurre	244	14	6

Sur le pied d'une once et demie par tête, les 93900 journées donnent . . . . ₶. 469 12 6

Excédant de l'achat sur la consommation ₶. 203 11 4

Cet excédant aura peut-être servi pour les lumières. Il n'a pas été possible de faire distinction de huile à huile dans les achats, parce que dans plusieurs la qualité de l'huile n'a pas été exprimée.

§ 6.

Riz et légumes.

Les 93900 journées, sur le pied de quatre onces par tête, donnent 31300 livres pesantes, lesquelles font émines 626 à cinquante livres pesantes chaque émine . . . » 626

L'état E présente l'achat d'émines . . . » 473

Épargne de consommation : . . . » 153

Cette épargne ne peut avôir lieu, du moins enterièment, parce qu'il est constaté, que bien que la soupe de riz, comme la plus économique, ait été la plus usuelle au Collège, on y a cependant servi plusieurs fois des soupes de choux, de raves, et autre jardinage, comme aussi de la salade aux soirées, au lieu de la soupe, lesquels objets ont été fournis, en tout ou en partie, par le jardin potager assez vaste, attenant au Collège. Cette dernière circonstance résulte d'une déposition du jardinier lui-même, consignée dans le procès-verbal du 2 thermidor an 11, où il est dit aussi, que pendant les vacances on vendait quelque peu de jardinage.

Cependant cette petite recette en argent ne se rencontre nulle part dans les comptes du citoyen Giraud.

§. 7.

Fromage.

La quantité de fromage achetée est de . . ₶. 568 18 8
      (V. l'état E)
Sur le pied d'une once et demie par tête, les
93900 journées donnent . . . . ₶. 469 12 6
____

Excédant de l'achat sur la consommation . ₶. 99 6 2

§. 8.

Fournitures ou dépenses diverses.

Pour une plus grande facilité dans le compte, et pour écarter tout ce qui nous a paru douteux, on s'est réduit à recueillir seulement les dépenses qui ont été faites pour les objets suivans:

Dépenses de la table, autres que les ci-dessus détaillées;

  Charbon;

  Bois de chauffage et de cuisine;

  Lumières;

  Blanchissage.

Les autres frais de réparations, détériorations des ustensiles et meubles etc., doivent être, a ce qui paraît, compris dans les frais de premier établissement, s'agissant surtout d'un établissement qu'on venait, pour ainsi dire, de recréer et de pourvoir aussi richement de meubles et autres effets en nature, comme on verra dans l'article III.

D'après l'état côté E, les dépenses susdites montent

  Pour la table * à . . . . » 20328 14 5

  Pour les autres articles à . . . . » 9561 0 4

       Total . . . » 29889 14 9

Les journées 93900 à quatre sous chacune, suivant l'étiquette du citoyen Giraud, montent à » 18780

On a dépensé de plus . . . . . » 11109 14 9

---

* Ceci a été extrait des pièces à l'appui.

ARTICLE II.

Comptabilité en argent, d'après les comptes présentés.

Cette comptabilité se trouve irrégulièrement partagée en trois comptes distincts.

Le premier est celui, que le citoyen Giraud rend de la comptabilité qu'il a eu, dit-il, accidentellement pour les fonds, qui passèrent dans ses mains dans les premiers tems de l'établissement à lui confié. Il date du 5 nivôse an 9 à tout le 11 ventôse an 10. Il comprend dans la dépense 27850 liv. 16 8 payées à l'econome Marchisio pour l'entretien du Collège.

Le second desdits comptes, qui est appelé *compte de l'économe,* contient les dépenses faites pour l'entretien du Collège depuis le 1.ᵉʳ janvier 1801 (10 nivôse an 9) jusqu'à tout messidor an 10.

Le troisième est celui présenté par le citoyen Giraud au nom de l'econome Marchisio de la gestion du prytanée depuis thermidor an 10 jusqu'au 30 germinal an 11.

A ce dernier compte on en a ajouté un autre, de la part aussi du citoyen Marchisio, du produit de la démolition des dômes de l'église et du clocher du ci-devant couvent du Crucifix qui est le nouveau local destiné au Collège, ainsi que de la dépense que cette démolition a causée.

Cette addition de compte porte une excédant de recette de 20 francs 4 2, dont l'économe Marchisio dit être débiteur.

La Commission extraordinaire ne croit pas que le citoyen Giraud ait été autorisé à faire cette démolition. S'il le fut, il n'a pas été fait, à ce qu'il paraît, aucun état de ces dômes, aucun devis approuvé des ouvrages, de manière que, faute de ces renseignemens, elle n'a aucune autre observation à faire sur cette addition de compte.

On a mis de côté aussi le premier des trois comptes énoncés ci-dessus (le seul que le citoyen Giraud régarde comme son propre), non seulement parce qu'il est en grande partie rélatif à des frais de premier établissement difficiles à vérifier aujourd'hui, mais aussi parce qne la réunion dudit compte avec les deux autres n'aurait apporté que de l'obscurité et de la confusion. En effet il a déjà été remarqué plus haut, que le citoyen Giraud porte dans la dépense, et par-là à sa décharge 27850 liv. 16 8, pay'es à l'économe Marchisio, tandis que c'est lui même qui doit rendre compte de l'entretien du Collège, ainsi qu'on l'a démontré dans le premier chapitre.

Nous nous bornons donc à examiner la comptabilité en argent résultante des deux autres comptes susdits. Elle est réunie dans le tableau J.

Il faut remarquer cependant, que nous avons exclus tant de la recette que de la dépense, comme valeurs inutiles, deux créances, l'une pour pensions, l'autre pour frais de blanchissage, faisant ensemble une somme de 910 fr. 16 8, desquelles créances, comme encore existantes, le comptable s'est chargé et déchargé seulement par recette et dépense d'ordre.

Nous avons exclus aussi de la dépense 218 liv., 8 ss. frais de transport au Collège de 65 brentes de vin retirées du Séminaire d'Asti, parce que cette partie avait déjà été portée en compte, et déduite par le citoyen Garmagnano, du produit total du Séminaire d'Asti, ainsi que nous verrons à l'article 111 §. 7.

Finalement, pour essayer la justesse du compte, on n'a pas compris dans la dépense le fonds de caisse existant le 30 germinal an 11, et qui a été consigné par Marchisio au nouvel économe.

Ces distractions faites, la recette s'élève à   fr. 184082 11 10
La dépense totale à . . .   fr. 183576 14 7

Excédant de recette . . .   fr.   505 17 3

Si les comptes présentés étaient exacts, le fonds de caisse consigné le 30 germinal aurait dû représenter précisément cet excedant de 505 fr. 17 3, au lieu qu'il fut consigné partie en argent comptant, et partie en boutons de l'habit uniforme des élèves du Prytanée, francs 2518 12, savoir:

En argent comptant   . . . fr. 2395 4 6
Prix des boutons . . . . » 123 7 6

Total fonds de caisse consigné . fr. 2518 12 0
Excédant de recette comme ci-dessus » 505 17 3

Différence . . . fr. 2012 14 9

Quel est le motif de cet inconcevable événement, que le fonds de caisse consigné surpasse d'une aussi forte somme le fonds de caisse, qui, d'après les comptes présentés, aurait dû exister?

Voici nos conjectures là-dessus.

La recette des pensions était la partie de comptabilité la plus facile à vérifier; ou a cru, à ce qu'il paraît, que tout défaut d'exactitude à les porter en compte pouvait être beaucoup plus aisément connu.

94

En effet les omissions faites en ce genre deviennent de la plus
grande évidence, si l'on compare le total de ces payemens portés dans les comptes présentés, avec ce qu'il résulte du registre
des pensionnaires et des quittances délivrées aux mêmes pensionnaires.

Pour faire ce parallèle, il n'y a qu'à porter nos regards sur
la colonne des pensions qui fait partie de la recette totale dans
le tableau J.

Nous y verrons, que le total des sommes perçues à ce titre
par l'économe Marchisio monte à . . . fr. 38000 3 4

      Savoir:

Pour l'an 9 . à 1368 6 8
Pour l'an 10 . à 15432 16 8
Pour l'an 11 . à 21199 0 0

    » 38000 3 4

De ce total on doit distraire toutes les sommes
énoncées dans les notes A, B, C du susdit tableau J, parce qu'elles ont été perçues par dessus
de toutes celles portées sur le registre des pensionnaires. Ces sommes additionnées font . . . fr. 1938

Le total des pensions payées reste, d'après les
comptes de Marchisio, ... fr. 36062 3 4

Ajoutons à cette somme la recette faite par
les deux trésoriers qui ont précédé Marchisio dans
le recouvrement des pensions. Franzeri en qualité

Somme ci-contre .   .   :   fr. 36062 3 4

de trésorier de l'Université, a perçu le montant
de . .   .   .   .   »   4050

Nasi, comme trésorier de l'Administration économique, a reçu pour
pensions . .   .   .   »   3000

Total de la recette faite par d'autres
trésoriers .   .   .   »   7050   7050

Total des pensions payées, d'après les comptes
de Marchisio .   .   .   .   .   » 43112 3 4

Or, suivant le registre des pensionnaires et les
quittances ci-dessus désignées, les pensions payées
montent comme ci-après :

   Pour l'an 9   .   à 8093 6 8
   Pour l'an 10   .   à 17625 6 8
   Pour l'an 11   .   à 19636 0 0

               » 45354 13 4   » 45354 13 4

         Différence   .   .   » 2242 10

Il est probable, que le citoyen Marchisio dans la vue de re-
médier aux omissions, qu'il savait bien d'avoir faites dans les
comptes de l'an 10 *, il ait cherché à rétablir à-peu-près le

---

* L'erreur n'est que dans les pensions de l'an 10, dont Marchisio a fait
lui seul toute la recette. En effet voici les parallèles des deux autres an-

fonds de caisse, qui aurait dû exister, si toutes les sommes payées pour pensions avaient été portées en compte. Voilà pourquoi il a fait trouver le 3o germinal un fonds de caisse considérablement plus fort que celui qui résulte de ses propres comptes.

Cependant il n'a comblé ce *déficit*, que par approximation, n'ayant peut-être eu le tems, ou même songé à le faire avec plus de précision.

Car, si au fonds de caisse, qui, d'après ses comptes, aurait dû exister le 3o germinal an 11 de . . . . fr. 5o5 17 3
On ajoute la différence ci-dessus remarquée, relative aux payemens des pensions, qui est de » 2242 10

On verra que le fonds de caisse, dans le susdit jour 3o germinal, aurait dû s'élever à . . . » 2748 7 3
Total fonds de caisse consigné . . . . . » 2518 12

               Différence . . » 229 15 3

Dette restante pour la démolition . . » 20 4 2

Il serait encore dû en argent, même selon les comptes présentés . . . . . » 249 19 5

---

nées. Si de 8095 liv. 6 8 l'on déduit les 7o5o liv. de recette faite par les autres trésoriers, reste 1043 liv. 6 8 recouvrées par Marchisio. Joignez y à ces 1043 6 8 les 525, dont il est parlé dans la note A du tableau J. Vous aurez au juste les 1568 6 8 portées dans les comptes de Marchisio.

Pareillement si à la somme de 19656 liv. l'on ajoute les trois parties énoncées dans la note C du même tableau, on verra revenir exactement 21199 liv.

ARTICLE III

*Comptabilité des plus fortes sommes en argent, que celles qui ont
été portées en compte, ainsi que des denrées et autres objets
de consommation retirés des différentes corporations réligieuses.*

Par arrêté du 4 brumaire an 9, la Commission Exécutive commença par distraire deux tiers du nombre total des lits existans au Séminaire de S. Bénigne, et les destiner au Collège national.

Par un autre arrêté du 29 du même mois, ce Collège fut mis en possession de tous les biens indistinctement dudit Séminaire. Les immeubles furent ensuite cedés à l'Athénée en vertu de l'arrêté du 26 pluviôse suivant: mais les biens meubles furent, par une disposition spéciale, conservés au Collège.

Un autre arrêté du 10 frimaire an 9 supprima le Séminaire archiépiscopal de Turin, et ordonna la clôture du Collège des Missionnaires et de la Chartreuse de Collegno. L'art. 14 de cet arrêté porte que les ustensiles, le linge, les denrées et les meubles appartenant à toutes ces corporations, à l'exception de ce qui avait été assigné à l'hôpital établi à ladite Chartreuse, seraient mis à la disposition de l'administration du Collège national, pour l'usage de ce Collège.

La Chartreuse de Collegno avait principalement trois hospices dépendant d'elle, connus sous le nom d'obédiences, *Propano*, *S. Raphael* et *Banda*.

Un autre arrêté du 2 ventôse a mis à la disposition du gouverneur du Collège national tous les revenus de l'an 9 du Séminaire épiscopal de Saluces, et en conséquence toutes les denrées, les créances et l'argent comptant qui y existaient.

Le 20 germinal an 9 la Commission Exécutive donna au Séminaire épiscopal d'Asti des ordres semblables à ceux qu'elle venait de donner au Séminaire de Saluces.

Il reste peu de traces d'une comptabilité aussi vaste.

Nous ne parlerons dans cet article, que de l'argent et des denrées, ou autres objets de consommation, d'après les renseignemens qu'on a pu recueillir.

§. I.

Séminaire de Turin.

De l'inventaire dressé à l'occasion de la suppression de ce Séminaire, les seules denrées et autres objets de consommation qui se sont trouvés existans, sont les suivans :

Num.^{os} de l'inventaire:

77 92 et 94	Vin, brentes environ	33
96	Bois, chariots	10
120	Bled turc, émines	5
121	Pois chiche, ou pois gris, émines	2
idem	Gros haricots, émines	1
idem	Huile de noix, rubs	5

L'inventaire fut dressé les jours 1 2 et 3 nivôse an 9, avec l'intervention du citoyen Alliana en qualité de commis du Collège national.

§. 2.

Collège des Missionnaires de Turin.

L'inventaire des meubles, denrées et autres effets de ce Collège est en date du 5 nivôse. Le commis Alliana susnommé y a également assisté.

En objets de consommation on a trouvé ce qui suit:

N.^{os} de l'invent.^{re}

82 84 85	Vin brentes	24
89	Bois de différentes sortes, chariots	10
90	Charbon, rubs	50

§. 3.

Chartreuse de Collegno.

Le 13 nivôse un inventaire a été fait à cette Chartreuse avec l'intervention aussi du citoyen Alliana commis du citoyen Giraud, terminé le 16 dudit mois.

Les objets de consommation résultant de cet inventaire sont :

Numéros de l'inventaire.

116 118 125 130 131	Vin, brentes 42 1	2.
152 153 162 163	Bois en bûches, chariots 83.
483 »	Fascines, chariots 50
484 »	Planches de peuplier, douzaines 75
485 »	Planches plus épaisses de différentes sortes de bois, douzaines 4.
512 »	Chanvre, rubs 20.

D'après des renseignemens parvenus à la Commission de la part de personnes dignes de foi et très-informées de l'état de cet établissement au moment de sa suppression, on a des motifs de douter de l'exactitude de cet inventaire, sur-tout rélativement aux fonds de bois de toute espèce (V. les procès-verbaux de la Commission du 10 messidor au soir, et du 18 du même mois). Suivant ces renseignemens, le bois de chauffage montait à 400 chariots.

Les fascines à 6000.

Il y avait aussi une grande quantité de bois pour les chariots, les roues et les outils de campagne.

Paille tubs 13 à 14 mille vendus peu de jours après la suppression.

Noyers de haute futaie 70.

Une grande allée d'ormes pour laquelle on avait offert deux mille livres.

Peupliers 200.

On dit que le citoyen Alliana vendit une grande quantité de ce bois sur le lieu, et fit transporter à Turin la quantité restante.

A l'époque de la suppression de la Chartreuse il existait aussi une quantité considérable de grains appartenante à cette corporation, dans un magasin du citoyen Ronzini jadis économe des moulins de Grugliasco. Les scellés ont été apposés à ce magasin par le citoyen Degregory en qualité de député du citoyen Giraud de concert avec le citoyen Alloati économe de la Municipalité de Turin.

Le citoyen Ronzini dans sa déposition consignée au procès-verbal du 13 messidor an 11, et le citoyen Alloati susdit dans sa lettre du 14 du même mois adressée à la Commission, se réunissent à dire qu'une partie de ces grains fut cédée à la Municipalité de Turin pour le service des troupes, une partie consignée à l'avocat Riccardi, qui l'avait précédemment achetée de la Chartreuse, et une partie transportée au Collège national. Ni l'un ni l'autre ont précisé cette dernière quantité. Le total des grains qui s'y trouvait, n'est pas certain non plus. Le citoyen Ronzini le fait monter à 140 sacs environ, d'autres à 500 émines, qui ne font que 100 sacs.

Il résulte d'un compte, au bas duquel il y a une quittance du citoyen Giraud du 7 pluviôse an 9, que l'avocat Riccardi était resté débiteur, à l'époque de la suppression de la Chartreuse, de 871 livres, 10 sous, pour prix desdits grains.

La quittance du citoyen Giraud n'exprime, à la verité, d'autre reçu, que de 271 ll, 10 ss. pour solde. Mais sa teneur, et celle de la note qui la précède, font voir assez clairement, que les autres 600 livres avaient été déjà payées au même citoyen Giraud. On ne voit nulle part, dans les comptes présentés, cette recette de 871 liv. 10. ss.

§ 4.

Obédience de Propano, dépendance de la Chartreuse de Collegno.

L'existence à Propano d'une très-grande quantité de denrées de toute espèce, est constatée par les procès-verbaux de saisie commencés le 14, et continués jusqu'au 17 frimaire an 9.

Ces denrées ont été vendues. Mais on n'a trouvé aucune note ni du citoyen Giraud, ni de quelqu'un chargé par lui, où ce produit soit détaillé de manière qu'il soit possible de vérifier, si le citoyen Giraud l'a porté entièrement dans sa recette, sur-tout d'après sa méthode de diviser et de subdiviser la comptabilité.

Le seul renseignement qu'on ait sur la verité des denrées susdites, est une note transmise par le citoyen Ferdinand Robbio ci-devant chartreux, et alors procureur à l'Obédience de Propano, suivant laquelle il a été vendu 167 émines et 1⁄2 de froment, 212 id de seigle, 513 id. de bled turc, 29 id. d'haricots, 100 id. de millet, 7 id. de *fromentino*, 13 rubs et trois outres de huile de noix, 20 brentes de vin, et 12 toises de bois.

Cette note ne répond pas entièrement à l'inventaire qui a été fait dans les procès-verbaux de saisie. On n'y comprend pas, par exemple, ni les 3500 rubs de foin, ni les 10 rubs de chanvre : et sur d'autres objets la quantité portée dans la note est plus forte que celle énoncée dans les procès-verbaux.

Le produit de cette Obédience, dont le citoyen Giraud s'est chargé, ajouté à 4500 liv. recouvrées par le citoyen Franzeri trésorier, monte à 7449 2 6.

Nous terminerons ce §, en rapportant la lettre écrite par ledit citoyen Robbio, avec laquelle il a accompagné sa note. Nous laissons au jugement d'autrui d'en apprécier le contenu à sa juste valeur, et de la comparer ensuite avec la déclaration du 7 ventôse an 9, dont il sera parlé à l'article IV. Nous la traduisons ici littéralement de l'italien.

» Buttigliera 23 février 1803.

» Vous trouverez ci-incluse une note détaillée de ce qui a
» été retiré à Propano par les deux commissaires Capello mé-
» decin et Garmagnano prêtre : je pense qu'il serait à propos

» d'en tirer copie avant de la remettre en d'autres mains. Je
» crois que le produit de la vente des denrées et autres objets
» se soit élévé à 8m. livres environ. Joignez-y deux lits, leurs
» couvertures, tous les meubles, cartes et petits tableaux qui
» existaient dans mes deux chambres, et dans celles qui étaient
» occupées par le pieux Frère Jean. Avant notre départ de Pro-
» pano nous les avions déposés près du métayer Gulin. Il nous
» ont été enlevés, de l'ordre à ce que je crois, du médecin
» Giraud gouverneur du Collège national. On a aussi sequestré
» tous les autres qui restaient: jusqu'à une caisse de livres et
» de manuscrits qui étaient destinés à mon usage particulier, on
» ne l'a pas épargnée. Je suis sévré par-là du soulagement qu'ils
» me procuraient, et d'un entretien qui m'était fort-cher. Je
» tiens note de tout, et si, moyennant quelque pétition ou dé-
» marche, l'on pouvait parvenir à recouvrer ce que lesdits Com-
» missaires m'avaient gracieusement délaissé, je ne manquerais
» pas de la transmettre. »

§. 5.

*Obédiences de S. Raphael et de Banda, autres dépendances
de la Chartreuse de Collegno.*

Quant à la première de ces Obédiences, il résulte, qu'un inventaire a été fait par le citoyen Berlenda secrétaire de la Mairie
de Gassino, avec l'intervention du citoyen Veglio, régent de la
classe de médecine au Prytanée, à ce député par le cit. Giraud.
La Commission n'a pu, malgré ses diligences, avoir sous les yeux
cet inventaire. Ledit citoyen Veglio affirma (procès-verbal de la

Commission du 20 messidor an 11), qu'il l'avait consigné au citoyen Giraud lui même. Il ajouta, qu'il n'existait presque pas de meubles et effets à cette Obédience, parce qu'ils avaient été précédemment vendus par les religieux, mais qu'il y avait une quantité de bled et de vin qu'il ne pouvait déterminer.

La Commission n'a pas vu non plus l'inventaire de l'Obédience de Banda. Mais d'après les notices qu'elle a eu, cet hospice, ensuite de différens pillages soufferts, était presqu'entièrement dépourvu.

Séminaire de Saluces.

Pour retirer les effets de ce Séminaire, le citoyen Giraud envoya sur le lieu le citoyen Garmagnano, l'un des régens du Collège, et le commis Alliana.

Il résulte d'une note du citoyen Garmagnano du 12 ventôse an 9, qu'il avait déjà à cette époque tant en deniers, qu'en prix de denrées, accumulé la somme de 2765 livres 19 2, laquelle cependant, distraction faite de 151 liv. pour frais de voyage et autres, se résiduait à . . . . ll. 2614 19 2

Cette partie dans le compte du citoyen Giraud est portée à 2626 14, mais il paraît qu'on doive s'en tenir par préférence à la note originale du citoyen Garmagnano.

Tout ce qui est détaillé dans cette note est aussi rapporté dans un inventaire et dans le compte rendu par le citoyen Vincent Isaïa, ci-devant économe.

    Somme ci-contre   ll. 2614 19 2
dudit Séminaire, qui est en date du 6 messidor
an 9, et que la Commission extraordinaire a reçu
par copie certifiée par ledit citoyen Isaïa, et par
le Sous-Préfet de Saluces.

Mais il y a en outre dans ce compte Isaïa plusieurs autres sommes payées au Collège avec l'indication des quittances ou lettres de reçu qui les
justifient.

En voici l'extrait :

Lettre du citoyen Garmagnano du 6 floréal an 9. { Payé par Martina	» 352	19	0
Payé par Poeti	» 382	1	0

    Reçu depuis le mois de ventôse
    jusqu'au 6 floréal   » 3349 19 2

    Remarquons ici que dans l'état joint à la lettre
du citoyen Giraud à l'Administrateur Général Jourdan du 10 floréal an 9, qu'on lit dans son compte
imprimé, il est porté comme *reçu du Collège en
fonds du Séminaire de Saluces assignés au Collège pour le compte des finances jusqu'à ce jour-
d'hui* 4350 ll. Entre cette somme et celle ci-dessus
énoncée il y a d'abord une différence de 1000 ll. 0 10.

Somme de l'autre part. 3349 19 2

an 9, et que . . .

— par lettre de change (V. la lettre
du Sous-Préfet de Saluces au
cit. Giraud du 20 prairial an 9) . . . » 366

— par lettre de change sur Giani . . . » 350

Cette dernière partie est ou-
bliée dans le compte Giraud.

— par lettre de change sur Giani
(V. la lettre du citoyen Isaia
au citoyen Giraud du 20 ven-
démiaire an 9. « Payé par Fortina . » . . . » 382 19 0
» 382 1 0

— Par autre lettre de change sur
Giani (V. la lettre du citoyen
Isaia au citoyen Giraud du
27 vendémiaire an 10) » 834 18 0

— par le moyen de Miglio . . . autre (autre partie omise dans
les comptes du cit. Giraud) » 202 17 6
____
» 6854 14 8

Quittances du ci-
toyen Giraud du
8 fructidor an 9.

Quittances du ci-
toyen Giraud du
premier brum.
an 10.

Quittances Giraud
du 25 nivôse an
10.

Quittances Giraud
du 15 prairial et
du 24 messidor
an 10.

Somme ci-contre 6854 14 8

Il faut ajouter 150 livres, que le citoyen Giraud a
dit dans son compte particulier avoir été payées par
Migliore prêtre le 24 floréal an 9, non par commission d'autrui, mais à compte d'une dette qu'il
avait lui-même envers le Séminaire de Saluces, résultante d'une écriture sous seing privé . . . 150

Total . . . . . . » 7004 14 8

Le citoyen Giraud a seulement porté en recette
dans son compte ce qui suit:

*Argent reçu du Séminaire de Saluces, y com-
pris le produit des grains et vin, déduction faite
des frais judiciaires et de voyage* . . » 6462 2

Différence . . . 542 12 8

Si l'on ajoute encore l'autre différence ci-dessus
remarquée de . . . » [illegible]

On a la différence totale de . . . 542 [illegible]

§. 7.

Séminaire d'Asti

Le même citoyen Garmagnano, en qualité de député du
citoyen Giraud, se fit consigner du Séminaire d'Asti l'argent
et les denrées, dont celui-ci pouvait alors disposer.

Quant à l'argent, il résulte de la quittance du 22 germinal an 9, qu'il a reçu du président du Séminaire, livres de Piémont en effectif . . . . 890 ..

En billon . . . . 1086 ..

De l'économe du Séminaire 551 12

Le 24 dudit mois il a aussi reçu, ainsi qu'il appert d'une quittance de ce jour . . . » 376 ..

Total en argent . ll. 2903 12

Sans compter l'*agio* qu'avait alors l'effectif sur le billon.

En denrées le même citoyen Garmagnano a retiré 108 émines de froment, 130 émines de bled turc, et 75 brentes de vin, soixante cinq desquelles ont été conduites au Collège.

Ces denrées furent vendues. Leur prix ajouté à l'argent ci-dessus énoncé, d'après une note du citoyen Garmagnano du 26 germinal an 9, forme la somme totale de . . » 4261 12

On a déduit de cette somme les frais de voyage et de séjour à Asti du citoyen Garmagnano, ceux du transport des 65 brentes de vin, et d'une lettre de change de 2.m livres, lesquels frais sont en outre détaillés dans une note à part du même jour, montant en tout à . . . . » 530 5

Total qui est parvenu au citoyen Giraud du Séminaire d'Asti . . . . . . ll. 3731 7

Effectivement le citoyen Giraud a porté cette somme dans sa recette. Mais il est à remarquer :

1.º Que dans un état joint à la lettre adressée par le citoyen Giraud à l'Administrateur Général le 10 floréal an 9, dont nous avons parlé ci-dessus, il est énoncé comme reçu par le Collège ce qui suit:

Pour 80 brentes de vin du même Séminaire, au prix de 14 livres sur le lieu 1120 livres:

Ces 1120 ll. ne paraissent plus dans le compte du citoyen Giraud. Elles sont cependant portées distinctement dans le susdit état par dessus les 4261 12 reçues par le citoyen Garmaguano. Il faut observer aussi que d'après la note bien detaillée de ce citoyen, il n'entre que dix brentes de vin à composer le produit des 4261 ll. 12 * :

2.º Que le citoyen Giraud se donna décharge pour la seconde fois dans le compte de l'an 11 des frais du transport des 65 brentes de vin, déjà compris dans les 530 liv. 5 s., ci-dessus rapportées.

3.º Que dans ledit compte ces mêmes frais sont évalués à 218 liv., 8 s., tandis que, suivant la note du 26 germinal du citoyen Garmaguano, ils ne s'élèvent qu'à 195 ll.

ARTICLE IV.

Comptabilité de meubles et autres effets de toute espèce, tant des anciens Collèges des provinces et des nobles, que de ceux retirés des corporations religieuses.

Le 23 messidor an 8 la Commission de Gouvernement, ayant rétabli le citoyen Giraud dans le poste qu'il avait eu en l'an 7, de

---

* Il pourrait se faire, que dans ledit état le citoyen Giraud eût simplement apprécié le vin, qu'il avait fait conduire au Collège.

110.

gouverneur du Collège national, l'invita par lettre de procéder à la reconnaissance des meubles et effets de ce Collège, et spécialement de ceux qui existaient dans l'enceinte du bâtiment du même Collège, et à les mettre en sûreté.

Un arrêté de ladite Commission de Gouvernement du 26 messidor, prescrivit plus spécialement au citoyen Giraud d'inventorier lesdits meubles et effets.

Voici comment ce citoyen s'acquitta de cette tâche.

Le 24 messidor, un procès-verbal se fit, dans lequel on a fait le dénombrement de quelques effets de table et de cuisine existans dans le réfectoire, qui avaient été consignés à l'Administration patriotique alors établie dans le local du Collège, et qui furent restitués quelques jours après, ainsi que différens meubles trouvés dans quelques chambres; mais quant à la plupart des pièces de la maison où il y avait quantité de meubles, et principalement à la cave dite *des fruits*, où existaient la vaisselle et des ustensiles d'étain et de cuivre, ainsi qu'à la grande cave du vin, on n'a fait autre chose qu'apposer simplement les scellés, en remettant à un autre tems la confection de l'inventaire.

Deux fois le citoyen Giraud fit briser les scellés de quelques unes de ces chambres. La première fois ce fut pour en extraire quelques meubles, qui avaient été vendus au nommé Jacques Castelli, et qui ne sont pas détaillés. Une seconde fois pour en tirer des papiers appartenans au ci-devant Collège des nobles, lesquels étaient nécessaires, a-t-on dit, pour remplir ce qui était ordonné par l'arrêté précité du 26 messidor.

Mais dans ces deux circonstances les chambres furent aussi-tôt refermées, et les scellés furent remis en présence de témoins, comme il résulte des deux procès-verbaux du 3 et du 26 thermidor an 2.

L'ouverture du Collège eut ensuite lieu le 23 frimaire an 9.
Le Collège fut transporté au nouveau local du ci-devant couvent du Crucifix en germinal an 9. Il n'y avait plus aucun
autre procès-verbal de levée de scellés, ni aucun inventaire.

En cet état de choses il est impossible de vérifier d'une manière directe la comptabilité du citoyen Girard par rapport aux
mobiliers des deux anciens Collèges des provinces et des nobles.

* Le nouveau directeur Incisa, lequel a été sous l'ancien régime le dernier
gouverneur du Collège, ayant été interrogé par la Commission extraordinaire sur l'état de cet établissement au moment qu'il en avait quitté les
fonctions en l'an 7, répondit dans sa lettre du 15 messidor an 11 en ces
termes :

« Donc ce qui concerne les meubles, c'est-à-dire il était le cuivre,
» les tonneaux, les lits, le linge et autres pareils objets, je vous dirai
» à-peu-près ce dont je puis me ressouvenir, n'ayant pas des documens
» sur lesquels je puisse appuyer mes assertions. Je vous dirai donc en peu
» de mots, que le Collège des provinces était alors suffisamment pourvu
» de vaisselle et d'ustensiles d'étain et de cuivre pour le service de deux-
» cent quatre-vingts ou deux cent quatre-vingt-dix personnes (c'était le nom-
» bre ordinaire des personnes demeurantes au Collège) de manière que
» jamais je n'ai dû penser à en acheter, et ce qui est plus, jamais je n'ai
» été embarassé par ce motif, à admettre au Collège ceux qui se pré-
» sentaient pour être reçus.
» A l'égard des tonneaux, il y en avait une quantité plus que suffisante
» pour contenir la moitié de l'approvisionnement total du vin de l'année,
» c'est-à-dire de cinquante à soixante chariots.
» Quant au linge, dans la dernière année, on en avait porté la quantité
» au point qu'on pouvait changer dans le même tems les draps à tous les
» lits du Collège, s'il en était besoin. Et pour les lits, je dois vous aver-
» tir, que dans les dernières années un contrat s'était passé avec le bureau
» des casernes, par lequel le Collège lui céda nombre de matelas, de cou-
» vertures en laine, et si je me rappelle bien, aussi un nombre de paillasses,

Il est de même très-embarassant d'examiner la comptabilité des autres mobiliers provenans des deux Séminaires de Turin et de S. Benigne, du Collège des Missionaires, de la Chartreuse de Collegno, et des hospices qui en dépendaient, attendu la manière dont les inventaires ont été faits.

D'abord il n'y a que dans celui du Séminaire de Turin qu'on ait spécifié le poids des vases et ustensiles de cuivre ou d'étain.

Celui du Séminaire de S. Benigne énonce le total du poids, sans aucun détail.

Les autres inventaires n'en parlent pas.

Il ne nous reste que des reflexions générales à faire sur cette partie de comptabilité.

1.° Le hasard paraît aussi avoir contribué à la disparution

» moyennant une somme en argent, qui devait puis être employée à en
» pourvoir de nouveau le Collège, lorsqu'il aurait été r'ouvert. Je dois
» cependant ajouter, qu'on a exclus de ce contrat quarante ou cinquante
» matelas (si je m'en souviens bien) et un nombre égal de couvertures
» de la meilleure qualité, que j'ai voulu garder pour l'usage du Collège.
» J'ignore, si dans la suite le prix sus-énoncé ait été payé au Collège.

» Comme dans cette année le nombre total des boursiers et des pension-
» naires, y compris même les répétiteurs, montait à cent-soixante-deux,
» et d'autre part il n'y a aucun lit de reste, vous pouvez inférer de-là le
» parallèle que vous désirez d'avoir : d'autant plus, si vous faites attention
» à la circonstance, que si l'on voulait grossir le nombre des élèves, il n'y
» aurait pas assez de local prêt à les recevoir.

» Il me résulte aussi qu'il n'y a pas de vaisselle d'étain suffisante pour
» le nombre des personnes qui existent actuellement au Collège, dans les
» occurrences, où, suivant l'usage ou les convenances, le repas ordinaire est
» augmenté d'un plat.

» Les fonds de linge sont également modiques : on ne pourrait certaine-
» ment pas changer le linge à tout le Collège à la fois. »

des traces de comptabilité. Il est dit par exemple dans le compte du citoyen Giraud, qu'on avait tiré de l'Obédience de Propano quantité de cuivre, d'étain, et de linge, avec deux lits pour l'usage du Collège: mais qu'une grande caisse remplie de draps et d'essuiemains avait été exportée par les réligieux, ainsi qu'il résultait d'une déclaration des metayers de Propano du 7 ventôse an 9: ce qui à la vérité ne s'accorde guère avec la lettre du citoyen Robbio repportée dans l'article 11 §. 4.

2.° Il y avait sans doute une grande quantité de lits dans les deux anciens Collèges. Le citoyen Giraud l'a d'abord augmentée par un certain nombre, tiré des différentes provinces composant le ci-devant Piémont. Elle s'accrut d'une manière surabondante des lits des deux Séminaires, et des corporations réligieuses dénommées ci-dessus.

Mais on lit d'autre part dans ses comptes, qu'il a été vendu 60 rubs de garnitures de lits toutes dechirées, et qu'on a formé environ 60 chariots de bois pour la cuisine avec des meubles, et principalement avec des bois de lit hors d'usage. De cette manière toute sorte de comptabilité peut être très-aisément éludée.

3.° Chacun peut s'imaginer quelle était la quantité de tonneaux soit des anciens Collèges, soit de Séminaires et des corporations réligieuses susdites. Ceux énoncés dans les inventaires et dans un procès-verbal d'estimation, qui en a été fait, sont tous à quatre cerceaux de fer. Plusieurs de ces tonneaux ont été vendus: mais il ne leur restait plus que deux cerceaux de fer pour chacun. Les procès-verbaux des enchères nous apprennent cette circonstance.

4.° Il paraît que le citoyen Giraud a quelque fois disposé des meubles de ces corporations à sa fantaisie et pour tout autre usage que celui du Collège. Nous en avons le témoignage le plus sûr dans la lettre suivante, que le Maire de S. Benigne nous a communiquée par original (Procès-verbal de la Commission du 20 messidor an 11). Elle est traduite ici littéralement.

» Giraud médecin, gouverneur du Collège national
    » et président du Conseil d'instruction publique,
  » A la Municipalité de la commune de S. Benigne.

                » Turin le 16 frimaire an 9.

» D'après la demande qui m'a été faite par le citoyen Alexan-
» dre Castagneri, ci-devant délégué par la Commission de Gou-
» vernement pour la confection de l'inventaire du Séminaire de
» cette Commune, j'ai cru de ne pas devoir lui refuser les
» meubles suivans de ce Séminaire, c'est-à-dire les deux garde-
» robes uniformes qui existent dans la chambre de Brixio ci-
» devant valet de chambre, dix-huit chaises, des chandeliers,
» des vinaigriers, deux nappes, avec quelques couverts, et un
» armoire de bibliothèque. Ainsi lorsque vous croirez le tems à
» propos pour lui transmettre lesdits meubles, vous les adres-
» serez à son logement à S. François de Paule. Pour le reste,
» vous vous conformerez aux mesures qui ont été concertées.
                » Salut et fraternité.

                » *signé*, Giraud.

Ajoutez à cela, que presque toutes les ventes furent faites à la dérobée et privément, non avec les formes que les administrateurs dans la plupart des cas sont dans l'usage de suivre pour mettre à couvert leur responsabilité, c'est-à-dire à la chaleur des enchères, préalable une estimation etc.

5.° Il est notoire, que des corporations réligieuses susdites quelques unes étaient copieusement meublées, parce que leurs communautés étaient nombreuses, d'autres l'étaient richement et copieusement, parce qu'elles étaient pourvues de revenus fort considérables.

Nous ne nous arrêterons pas aux meubles de toute espèce, détaillés dans les différens inventaires. Mais du-moins il serait à désirer de savoir ce que sont devenus le telescope anglais trouvé à Propano, les pendules, les effets les plus précieux du Séminaire de S. Benigne, le riche mobilier de l'eglise de Collegno, toute l'argenterie qu'il y avait (puisque les seuls 16 marcs 4 6 consignés à la monnaie, dont il est parlé dans le compte de Nasi trésorier de l'Administration économique de l'Athénée, ne sont peut-être que l'équivalent du soleil qui y existait), ce que sont devenues également les broderies, les gallons en or et en argent qui y étaient en abondance, les tableaux les plus estimés de cette Chartreuse, dont le nombre peut se porter à deux cent, suivant ce qui résulte des dépositions consignées dans les procès-verbaux de la Commission extraordinaire.

6.° Tout le monde sait ce que c'étaient les deux bibliothèques du Séminaire de Turin et de celui de S. Benigne. Toutes les deux étaient d'un grand prix et très-nombreuses. Le Cardinal *delle Lanze* avait enrichie la première de livres rares, d'éditions les plus recherchées, de collections les plus précieuses. Celle du Séminaire de Turin autrefois était publique: le Cardinal Costa lui légua en outre la sienne, qui avait été augmentée par une collection très-choisie de livres que ledit Cardinal avait achetée du célèbre Denina. Le Séminaire de Turin, en qualité d'héritier de ce Cardinal, et maintenant l'Athénée qui a succédé au Séminaire, paye encore, pour cet objet, une rente viagère de quatre cent francs environ à Denina, laquelle est ensuite réversible à un de ses frères.

Les arrêtés de la Commission Exécutive avaient mis le Collège national en possession de ces riches bibliothèques. Si l'on avait empêché le gaspillage, qui se porta au point de faire des cadeaux de livres jusqu'au pontonnier de la rivière de Mallone (suivant ce qui fut représenté par le Maire de Montaharo), si les transports avaient été faits avec ordre et avec les précautions requises en pareilles circonstances ; si tant avant, qu'après les transports, on eût veillé soigneusement à leur conservation ; une seule des deux bibliothèques aurait suffi pour donner de l'éclat au Prytanée, et y apporter les plus grands avantages.

Mais voici maintenant à quoi se réduisent ces deux grandes bibliothèques. Nous ne ferons que traduire la lettre écrite par le citoyen Incisa à la Commission extraordinaire de 17 fructidor, an II.

» Puisqu'il m'était connu, par les renseignemens que j'ai pris, » que personne n'était intervenu, de la part du citoyen Giraud, » à l'apposition des scellés au dépôt de livres existant au Pry- » tanée *, j'ai cru à propos d'inviter les citoyen Bongioanni » régent, et Olmi répétiteur de Jurisprudence (lesquels avaient » été députés a la mise des scellés), à assister à la levée des » mêmes scellés : ce que je fis en présence aussi du citoyen Ca- » ratti économe, et du citoyen Turinetti-Canibiano, qui s'y trouva

* Cette apposition de scellés a été faite par ordre de la Commission extraordinaire lors de la cessation des fonctions du citoyen Giraud, lequel demeura encore quelques jours au Prytanée.

» fortuitement. On en a rédigé procès-verbal, que je m'empresse
» de vous transmettre. Vous y verrez, que sur la porte intérieure,
» qui donne sur les corridors, desquels on passe aux entresols
» existans au-dessous des chambres du directeur, la bande de
» papier, à laquelle les scellés étaient attachés, s'est trouvée dé-
» chirée *.

» Je ne puis pas vous dissimuler, citoyens, combien j'ai été
» surpris de voir, que cet entassement de livres était loin de
» répondre à l'idée que j'en avois, sachant, que je devais y
» y trouver réunies les deux grandes bibliothèques des Séminaires
» de Turin et de S. Bénigue. Au premier abord je me suis aper-
» çu, qu'à l'égard du nombre des livres, il en existe à peine pour
» former la bibliothèque privée d'un particulier, et pour ce qui
» concerne leur qualité, je doute que presque tous n'appar-
» tiennent qu'à des matières ecclésiastiques.

Cette perte rattristera pour long-tems les gens de lettres qui
connaissaient plus particulièrement le prix de ces deux bibliothèques, et tous ceux qui s'intéressent à l'instruction de la jeunesse et à l'avancement des sciences.

CONCLUSION.

A l'égard de cette comptabilité, nous croyons d'avoir suffisamment rempli notre tâche par la recherche que nous avons faite
de plusieurs matériaux épars ou cachés: nous les avons mis en
évidence et rapprochés, en y ajoutant nos observations. Nous
nous abstenons cependant de poser sur eux un calcul général

---

* Ceci est détaillé plus clairement dans le procès-verbal joint à la lettre.

de cette comptabilité présumée, parce qu'il aurait fallu auparavant nous assurer de tout ce qui est douteux, éliminer ce qui par des renseignemens ultérieurs serait reconnu erroné, additionner ce que peut-être de nouvelles recherches feraient découvrir. Sans ces précautions, et sans entendre le comptable lui-même, ou ses ayant cause, tout calcul général, de quelque manière qu'on s'y fût pris, serait resté trop en deçà ou au delà des vrais limites. Il ne nous appartient pas de favoriser aucun comptable, et nous sommes bien loin de vouloir nuire à personne.

QUATRIÈME PARTIE.

*De ce qui concerne la surveillance de l'Adminis-
tration économique de l'Athénée, confiée
à la Commission extraordinaire.*

Les irrégularités essentielles, que la Commission extraordinaire
avait remarquées dans la tenue des livres de l'administration
économique, et dans ses comptes, ainsi que nous avons vu dans
la seconde partie de ce rapport, ont dû mettre cette même Commission, dès le commencement de ses fonctions, dans un état de
surveillance vis-à-vis de l'Administration économique.

Elle n'a rien omis pour s'éclairer sur les différentes branches
de cette gestion compliquée, ainsi que pour découvrir et éloigner
les causes des retards des payemens, qui avoient excité les plus
vives réclamations de la part de toutes les parties prenantes.

La Commission, après s'être à cet effet transportée dans les bureaux de l'Administration économique, où elle prit connaissance des
livres et du système de comptabilité qu'on y suivait, invita les
citoyens Audo et Ferré, membres de l'Administration économique,
à se réunir à la Commission, pour lui donner de vive voix les
renseignemens nécessaires (procès-verbal du 8 pluviôse an 11).

Le résultat de cette conférence a été, que ces membres de
l'Administration économique ont dû reconnaître eux-mêmes les

grands obstacles qu'il fallait vaincre pour mettre de l'ordre et de la régularité dans cette gestion.

Ces difficultés s'augmentaient encore par le motif suivant. Quoique l'arrêté du 4 pluviôse eût chargé la Commission extraordinaire d'examiner la gestion actuelle de l'Administration économique; la surveillance cependant et le droit d'ordonnancer les payemens restaient toujours près du Conseil supérieur : d'où il naissait des doubles emplois et des entraves de toute espèce.

D'ailleurs la création de la Commission ayant dû affecter tant le Conseil supérieur, que l'Administration économique, il était naturel qu'elle rencontrât à chaque pas des obstacles dans ses recherches, comm'elle en rencontrait effectivement dans la reddition des comptes de l'an 10, qui était toujours différée.

On a déjà dit dans la première partie, que plusieurs plaintes s'étaient élevées contre les membres de l'ancien Jury d'instruction publique, lesquels tantôt siégeant au Jury, tantôt dans le Conseil supérieur, influençaient essentiellement toutes les parties de l'administration également que celle de l'enseignement.

Le nouveau Jury d'instruction publique se réunit, dès les premiers jours de son installation, à la Commission extraordinaire, pour demander la suppression du Conseil supérieur.

Ils adréssèrent à cet effet à l'Administrateur Général la lettre du 15 ventôse signée individuellement par tous les membres de la Commission extraordinaire, présens à la séance (Cavalli P., Negro, Marentini, L. Bertone) et par tous les membres du nouveau Jury (Falletti Barol P., D'Saluces, Baudisson).

C'est en conséquence de cette lettre que le Sécr. gén. Charbonnière prit l'arrêté du 17 ventôse, qui supprima le Conseil supérieur, et en attribua les fonctions à la Commission extraordinaire.

De concert avec le Jury d'instruction publique, la Commission entreprit d'abord de parer à un des plus grands abus introduits dans l'administration de l'Athénée. C'était celui de payer les dépenses variables sans exiger des pièces à l'appui. Ces dépenses s'élèvent, comme l'on sait, à une somme très-considérable : on comprend sous ce nom celles destinées à l'entretien de la bibliothèque, des musées d'antiquité et d'histoire naturelle, du cabinet de Physique, du jardin des plantes, des laboratoires de Chimie, des écoles de Peinture, de Sculpture et d'Architecture, et à tous les frais des démonstrations ou expériences physiques, anatomiques etc.

Il est clair, que la vérification de ces dépenses est strictement commandée, non seulement par l'ordre qui doit regner dans toute espèce de comptabilité, mais par l'utilité des établissemens eux-mêmes; car il importe toujours de s'assurer, si les dépenses se font réellement, et si elles se font avec une sage économie. Il peut aussi en résulter des épargnes au profit de toutes les parties de l'établissement, et des lumières pour une meilleure répartition, dans les années subséquentes, des fonds affectés aux dépenses variables.

La Commission s'est ensuite occupée de la révision du bilan de l'an 11, que le Conseil supérieur avait présenté à l'Administrateur Général. Elle a dû y remarquer;

1.º Que plusieurs bases en étaient fautives, par exemple en ce que la dépense balancée excédait la recette d'une somme de 7971, comme aussi en ce que la contribution foncière avait été calculée à 13m. francs de moins de son vrai montant, etc.

2.º Qu'il ne restait plus de fonds disponibles pour subvenir aux besoins de plusieurs anciens professeurs, et autres employés de l'Athénée, qui avaient certainement des droits aux égards du

Gouvernement, et qui cependant avaient été entièrement oubliés.

C'est ensuite de ces considérations que la Commission écrivit une lettre à l'Administrateur Général en date du 28 ventôse, dans laquelle, de concert avec le nouveau Jury, elle a présenté à sa sanction:

1.° Le bilan du premier trimestre de l'an 11, tel qu'il avait été dressé par le ci-devant Conseil supérieur de l'Athénée, attendu qu'il supposait encore l'existence de l'ancien système de l'Université, et que d'ailleurs à l'époque de sa présentation il était échu, et presqu'entièrement acquitté;

2.° Le bilan du second trimestre de l'an 11, mais seulement pour payer les traitemens des professeurs et autres employés, et les dépenses strictement nécessaires, en différant de statuer sur toutes les autres jusqu'à la formation du bilan pour les deux trimestres à venir.

On avait aussi observé dans cette lettre, que les frais d'établissement de l'école de musique n'avaient pu être portés sur le bilan du second trimestre, parce que les mesures à prendre à cet égard nécessitaient encore un sursis.

Il est notoire, qu'à cette époque presque toutes les parties prenantes réclamaient des arrérages ou des fonds indispensables à leurs établissemens; que les créanciers nombreux de l'Administration sollicitaient leur payement, et que d'autre part le recouvrement des revenus était de plus en plus arriéré.

Le 1.er germinal an 11 le fond de caisse était de 16829 fr. 58 cent., dont 15560 devaient être payés pour arrérages au Prytanée divisionnaire, et aux Académies des sciences et d'agriculture, tandis que la somme qui était nécessaire pour acquitter le trimestre alors échu, montait à 9000 fr. environ.

La Commission extraordinaire sollicitait inutilement l'expédition des procès pendants devant les tribunaux contre les fermiers et autres débiteurs de l'Athénée. Les renseignemens qu'elle se procurait de l'un des Administrateurs sur quelqu'objet important, étaient souvent contredits par l'autre. Les fermiers se plaignaient des agens de campagne nommés par l'Administration, et retardaient les fermages sous prétexte qu'ils avaient des droits d'indemnité et de remboursement envers l'Athénée. Toutes les parties de l'Administration étaient en souffrance. Le 9 germinal an 11 la Commission crut de son devoir de soumettre à ce sujet un rapport au Général Menou Administrateur Général, lequel par son arrêté du 17 nomma le citoyen Marentini seul Directeur de l'Administration économique de l'Athénée, et le chargea de proposer les changemens qui seraient jugés nécessaires, d'accord avec la Commission extraordinaire.

Ensuite des renseignemens donnés par le citoyen Marentini dans sa lettre du 19, et appuyés par la Commission extraordinaire dans sa lettre du 21, l'Administrateur Général prit l'arrêté du 23, portant une nouvelle organisation dans les bureaux de l'Administration économique.

Ces mesures firent disparaître peu à peu tous les mauvais effets qui résultaient du défaut d'unité d'action. Un seul chef d'administration probe et intelligent était en effet beaucoup plus propre à rétablir l'ordre dans les différentes branches de cette gestion, et à rappeller la confiance du Public.

Nous retracerons en peu de mots ce que le nouveau directeur opéra sous la surveillance de la Commission extraordinaire.

Ses premiers soins furent couronnés du plus heureux succès dans les nouveaux baux des deux domaines dits de *Casanova* et de *Staffarda*. Aux attentions multipliées que la Commission s'était données pour la rédaction des clauses et conditions à insérer dans les cahiers des charges, ainsi que pour le partage le plus utile de ces grands domaines en plusieurs lots, il joignit celle très-essentielle et souvent négligée, de donner la plus grande publicité aux enchères qui devaient avoir lieu, par des avis préalables affichés dans les communes principales, sur-tout dans celles plus proches à la situation de ces domaines, avec un intervalle proportionné à leur éloignement, et de veiller scrupuleusement à l'observance de toutes les formes, propres à garantir les enchères des attaques de l'intrigue, de la mauvaise foi, ou de la corruption. Par l'effet de ces baux, les revenus de l'Athénée se sont accrus tout-à-coup de la somme annuelle de cinquante trois mille francs; augmentation toute réelle, parce qu'elle porte sur les anciens fermages déjà réduits en francs avec l'addition du dixième prescrit par l'arrêté des Consuls du 16 messidor an 10 *.

* La Commission extraordinaire a délibéré, le jour même de la signature du présent rapport, d'adresser à l'Administrateur Général la lettre suivante, qui a pour objet de suggérer quelques-uns des emplois plus utiles qui puissent être faits de l'excédent des revenus, dont l'Athénée va jouir.

» Permettez, citoyen Administrateur Général, qu'au moment que nous allons cesser nos fonctions de surveillance sur le patrimoine de l'Athénée, nous émettions un vœu que la situation actuelle de ce patrimoine permet de réaliser.

» Ce serait qu'un fonds annuel de 10m. francs fût affecté au grand théâtre des arts par dessus un autre fonds semblable qui a été offert par la Mairie.

» On redonnerait par-là à un des plus beaux théâtres de l'Europe son ancien éclat : et par le concours de différens moyens de cette nature l'on parviendrait aussi à arrêter la décadence progressive d'une des villes plus intéressantes.

Il faut bien avouer, qu'ici le succès surpassa toute attente.
Nommément à l'égard de la ci-devant abbaye de Staffarda, on
ne pouvait prévoir une augmentation de vingtsept mille francs
environ sur l'ancien prix de bail, après avoir lu dans les observations mises en marge du bilan de l'Athénée de l'an 10, signé
par le citoyen Giraud, alors président du Conseil supérieur, qu'à
l'occasion d'un nouveau bail du domaine de Staffarda il y avait
à craindre un rabais considérable, et peut-être de quinze à vingt
mille francs. Il semble dumoins, que cet annonce n'aurait pas
dû être bien encourageant pour s'embarquer dans des nouvelles
dépenses.

Le système de comptabilité fut par le directeur Marentini
presqu'entièrement changé; la tenue des livres fut réduite en
meilleur ordre; et tous les comptes furent repris selon le nouveau mode par lui adopté, à compter du 1.er vendémiaire an 11.

Nous n'entrerons point dans les détails de ce système, ni com-

---

» L'instruction des arts serait presqu'oisive et sans but, si en même
» tems l'on n'offre pas des modèles, des encouragemens, du travail, et des
» places aux différens artistes, et si des gens à grande fortune, ne trouvant
» plus leur goût satisfait, transportent ailleurs leurs richesses et leur luxe,
» et font peu-à-peu prendre d'autres directions tant au commerce, qu'à la cul-
» ture des arts.

» Il nous parait de même qu'un fonds annuel de deuxmille francs pour-
» rait être avantageusement affecté à l'école d'équitation si utile pour l'édu-
» cation de la jeunesse, et particulièrement pour ceux qui auraient plus de
» penchant et plus de dispositions pour l'état militaire.

» Daignez, citoyen Administrateur Général, de présenter ces vues au
» Gouvernement. Nous espérons qu'elles seront accueillies, parce qu'il est
» inhérent à sa nature d'adopter tout ce qui est grand et libéral, et d'autre
» part les moyens d'exécution sont sous sa main.

16 *

parerons celui-ci avec l'ancienne méthode, ce qui nous menerait trop loin. Le parallèle le plus sûr et le plus court à faire, sera celui des comptes que la nouvelle Administration économique sera dans le cas de rendre à l'avenir, avec les comptes des années 9 et 10, dont nous avons parlé dans la seconde partie de ce rapport.

Le nouveau directeur parvint aussi à mettre un terme à la grande quantité de procès, que l'Athénée soutenait contre différens fermiers et débiteurs, et à accélérer par-là le recouvrement des revenus.

Cette recette plus abondante mit à portée l'Administration économique de faire face à des dépenses pressantes pour ouvrages et fournitures des années précédentes qui étaient encore à solder : lesquelles dépenses, en y comprenant plusieurs parties des contributions foncières de l'an 10, dont on fit compensation avec ce qui était dû par les fermiers, montaient dans le mois de thermidor passé à la somme de 65m. francs environ.

Elle put aussi par-là solder les arrérages des deux premiers trimestres de l'an 11, dûs à l'Académie des sciences et aux autres établissemens, comme aussi les traitemens des professeurs et autres employés, et elle se mit à même de payer avec promptitude le montant des deux trimestres suivans *.

Au milieu de toutes ces sollicitudes, la nouvelle Administration ne négligea non plus de rassembler et de mettre en ordre les titres et les écritures qui constatent la qualité et la quantité des biens composant le vaste patrimoine de l'Athénée : travail

---

* Tout est maintenant au courant, et les dettes sont presque toutes payées.

immense, qui exigera encore beaucoup de tems et de recherches, mais dont l'utilité est de la plus grande évidence.

La Commission extraordinaire entièrement rassurée sur la régularité de cette gestion, et sur l'existence des moyens nécessaires pour faire face aux dépenses de l'Athénée, n'avait plus d'autre tâche à remplir que celle de la formation du bilan pour les deux derniers trimestres de l'an 11.

On a déjà vu dans la première partie de ce rapport, qu'elle s'en était occupée avec le Jury d'instruction publique, et qu'on n'attendait plus que la décision de l'Administrateur Général sur les différentes mesures qui lui avaient été soumises.

La Commission extraordinaire croit maintenant s'acquitter de ses derniers devoirs de surveillance sur la comptabilité de l'Athénée, en représentant à l'Administrateur Général ;

1.º Qu'il est du plus grand intérêt, que l'approbation de ce bilan * ne soit pas retardée, et que pour les années subséquentes il est même très-essentiel que le bilan ou budjet de recette et de dépense, seul et vrai guide de l'administrateur, soit préparé et approuvé d'avance, afin de maintenir cet ordre de comptabilité, cette exactitude dans le service qu'on s'est efforcé d'introduire ;

2.º Que l'avantage de tous les établissemens scientifiques exige impérieusement que le projet, dont on a fait courir le bruit dans le Public, de morceler le patrimoine de l'Athénée entre les différens établissemens, soit écarté à jamais ;

Qu'il y ait toujours une seule administration de ce patrimoine ;

____

* V. la note * à la page 43.

Et que les membres des établissemens scientifiques n'aient jamais aucune part directe à sa gestion. Parce que

Si le patrimoine est morcelé, chacun des établissemens se trouvant isolé, pense à consumer à-peu-près tous les revenus des biens qui lui sont destinés, et dès-lors plus de ressources ménagées en commun pour des dépenses imprévues un peu fortes, pour enrichir les musées, les cabinets, les bibliothèques, l'observatoire, enfin pour l'aggrandissement de tout ce qui existe, et pour la création, s'il le faut, de nouvelles branches des établissemens existans. Ces dépenses imprévues, ces besoins extraordinaires renaîtront cependant, et se multiplieront successivement en proportion du progrès des sciences et des arts. *

L'unité d'administration découle nécessairement du principe que nous venons d'établir, que le patrimoine de l'Athénée ne doit point être partagé, quoiqu'il doive toujours y avoir des assignations fixes et d'autres variables pour chaque établissement. Mais il faut faire attention en outre à l'économie qui résulte de cette unité, quant aux frais de bureaux et des employés, qui se multiplieraient au double, au triple, et même d'avantage, si

---

* Qui peut deviner par exemple dans quelle partie se feront des principales et plus importantes découvertes d'ici à quelques mois, d'ici à quelques années, ou de quel côté et par quel motif la nécessité de plus fortes dépenses se fera sentir ! Nous pourrions citer à l'appui de cette observation ce qui se passe tout-à-l'heure relativement au musée d'histoire naturelle et au jardin des plantes (V. première partie p. 42). Nous pourrions aussi nous étayer de l'exemple de ce qui se pratique, en vertu des lois de la République, par rapport aux hospices et établissemens de charité de chaque commune, dont l'administration est réunie. Mais cette vérité porte avec elle un tel caractère d'évidence, qu'il n'est pas besoin de démonstration.

plusieurs administrations venaient à être créées. Il faut aussi remarquer que l'administration d'un vaste patrimoine fournit toujours beaucoup plus de moyens d'amélioration et d'accroissement, que chaque partie isolée n'en aurait en proportion pour elle-même; et ce en raison de la plus grande masse de capitaux, dont elle peut disposer à-la-fois et dans les occurrences utiles, pour l'une ou pour l'autre partie de son domaine.

Enfin, si les membres des établissemens scientifiques seront toujours étrangers à la gestion du patrimoine de l'Athénée, ils en seront indubitablement les meilleurs surveillans. Ayant tous le plus grand intérêt à dénoncer les abus, l'administration n'en ira que mieux. Cette précaution en outre empêchera qu'ils soient détournés eux-mêmes de leurs occupations utiles et de leurs devoirs habituels qui ne doivent avoir rien de commun avec les détails d'une grande administration.

Nous soumettons entièrement ces vues au jugement eclairé des Inspecteurs généraux des études, et à la sagesse impartiale de l'Administrateur Général.

En les exposant, nous n'avons eu d'autre but que celui d'accomplir une des parties importantes de notre mission, puisque l'arrêté du 4 pluviôse an 11 a aussi chargé la Commission *de proposer* à l'Administrateur Général *sur ces objets* (le mode d'enseignement et la gestion) *les mesures qu'elle aurait crues convenables pour*

---

* Dans la supposition d'un partage, à quelque lot qu'on assignât l'édifice de l'ancien Collège des provinces, qui exigera environ une dépense de 50m. francs pour réparations, quel est l'établissement isolé qui pourra soutenir une pareille dépense?

assurer à la 27.º *division militaire les bienfaits qu'elle doit retirer de ces intéressans établissemens.*

Nous avons déjà dit (première partie pag. 41) qu'après le renouvellement du Jury d'instruction publique, composé de membres qui jouissent de la confiance la plus méritée du Gouvernement et du Public, nous nous sommes renfermés dans la partie de la gestion : et en conséquence c'est sur la gestion seule que nous venons d'énoncer toute notre pensée.

Turin, le 10 brumaire an 12.

Signés, CAVALLI, Vice-Président au Tribunal d'Appel séant à Turin.

J. LAUGIER, Maire.

J. NEGRO, membre de la Commission des hospices.

L. BERTONE, membre du Conseil départemental du Pô.

DAL POZZO, Substitut du Commissaire du Gouvernement près le Tribunal d'Appel.

Le Secrétaire de la Commission extraordinaire,

Signé, J. M. FRANCOEZI.

A

ÉTAT des sommes fixes annuelles, réduites en francs, allouées par l'ancien Gouvernement aux établissemens de sciences et d'arts de la ville de Turin.

Université des études et Collège des provinces . . . . . fr. 188931 25

Collège des nobles, environ . . . . » 27600

Académie, autre maison d'éducation pour les nobles, environ . . . . . » 30000

Académie des sciences . . . . » 14250

Écoles de peinture et de sculpture : . . » 10800

Manufacture de gobelins . . . . » 13082 50

Société d'agriculture, sans revenus fixes.

Chapelle et école de musique de l'église métropolitaine de Turin . . . . » 23760

Chapelle de musique du Roi . . . » 29509 37 1[2

Grand opéra, outre différens avantages, environ » 20000

Total : fr. 357913 12 1[2

A

ÉTAT des sommes fixes annuelles, réduites en francs, allouées par l'ancien Gouvernement aux établissemens de sciences et d'arts de la ville de Turin.

Université des études et Collège des provinces . . . . fr. 186931 25
Collège des nobles, environ . . . . » 27000
Académie, autre maison d'éducation pour les nobles, environ . . . . . » 30000
Académie des sciences . . . . . » 14250
Écoles de peinture et de sculpture : . . » 1800
Manufacture de gobelins . . . . » 1282 55
Société d'agriculture, sans revenus fixes.
Chapelle et école de musique de l'église métropolitaine de Turin . . . . » 23760
Chapelle de musique du Roi . . . » 23509 37 1/2
Grand opéra, outre différens avantages, environ » 20000

Total : fr. 357913 12 1/2

TAB: SÉANCES

DU CONSR DE L'ATHÉNÉE,

PPORTS

AVEC L'ASTRUCTION PUBLIQUE.

fruc. au 10.   ᴸ. . . . N.° 16.

ES SÉANCES

. N.° 17.
. . . 16.
. . . 11.
ces N.° 44.

B.

TABLEAU DES SÉANCES

DU CONSEIL SUPÉRIEUR DE L'ATHÉNÉE,

ET SES RAPPORTS

AVEC L'ANCIEN JURY D'INSTRUCTION PUBLIQUE.

MINORITÉ DES MEMBRES DU JURY dans le Conseil supérieur.					NOMBRE EGAL DES MEMBRES DU JURY dans le Conseil supérieur.					MAJORITÉ DES MEMBRES DU JURY dans le Conseil supérieur.				
Membres du Jury		Autres Membres		Séances	Membres du Jury		Autres Membres		Séances	Membres du Jury		Autres Membres		Séances
1.	contre	3.	Séance 18. messid. } an 9.	N.° 1.	2.	contre	2.	Séance 2. fructid. an. 9.		2.	contre	1.	Séance 26. fructid. an. 9.	
1.	contre	2.	Séance 1. thermid. }	1.				16. et 28. frimaire }					5. brumaire. . . }	
2.	contre	3.	Séance du 5. 10. et } an 10.					50. pluviôse. . . } an 10.					18. pluviôse. . . } an. 10.	
			17. fructidor. }					25. ventôse. . . }					12. messidor. . . }	
			20. brumaire. }					5. et 21. germinal }					1. fructidor. . . } N.°	5.
			4. 18. 25. frimaire }					22. thermidor. . }		3.	contre	2.	Séance du 15. 17. }	
			2. 16. 25. nivôse. } an 11.					22. 26. 29. vend. }					25. 25. 26. et 30. } an. 10.	
			1. 5. 12. pluviôse. }					6. 27. brumaire. } an. 11.					thermidor. } N.°	6.
			1. 11. ventôse. }	15.				11. frimaire. . . }						
			TOTAL . . . . . . N.	17.				5. pluviôse. . . } N.°	15.				TOTAL. . . N.°	11.
					3.	contre	3.	Séance 21. fruc. an 10.	1.					
								TOTAL. . . N.°	16.					

NOMBRE TOTAL DES SÉANCES

En minorité . . . . N.° 17.
En nombre égal . . . . . 16.
En majorité . . . . . . 11.
TOTAL des Séances N.° 44.

TABLEAU

DU CONSEIL ... SU L'ATHÉNÉE,

ET

AVEC L'ANCIENNE INSTRUCTION PUBLIQUE.

MINORITÉ		MAJORITÉ	
des Membres du Jury dans le Conseil supérieur.		des Membres du Jury dans le Conseil supérieur.	

ÉTAT des bilan de l'an 10, qui ne dûrent

'vénemens imprévus.

Chap. I.ᵉʳ   *Employ* littérature Française

, jusqu'au 22 ger-

.   .   , » 1413 5 7

toyen Denina chef

» 1730 9 4 » 1730 9 4

Chap. VII. *Appoint* bois   . . » 460

des écon l'économe de S. Be-
et desemp
dans les ar an . . » 80
rens dom de la place d'éco-

. . . » 7 4 6

» 547 4 6 » 547 4 6

» 8004 15 3

* On ı Vice-curé de Lucedio, quoiqu'ils soient
port particulières dont ils jouissent : lesquelles
renr à l'Athénée.

C.

ÉTAT des sommes portées sur le bilan de l'an 10, qui ne dûrent point se payer pour des évenemens imprévus.

Chap. I.er	*Employés.*	Vacance de la chaire de Littérature Française depuis le 1.er vendémiaire, jusqu'au 22 germinal	»	1413	5	7			
		Vacance de la place du citoyen Denina chef bibliothécaire toujours absent	»	2531	5				
		Cessation de traitement du citoyen Averardi professeur honoraire, décédé le 17 frimaire	»	307	2	6			
			»	4251	13	1	» 4251	13	1
Chap. IV.	*Assignations particulières.*	Cessation des assignations faites aux employés de la bibliothèque départementale depuis le 24 vendémiaire	»	821	5				
		— de celle du chirurgien Varron, décédé le 21 nivôse	»	214	3	4			
			»	1035	8	4	» 1035	8	4
Chap. V.	*Pensions viagères aux Minimes.*	Mort des Minimes, dont les noms suivent: Scarabello le 1.er floréal - Burzio le 20 thermidor - Ghiga le 17 thermidor - Cuttica le 3 floréal - Sovellet le 24 messidor	»	440			»	440	
Chap. VI.	*Assignations dépendantes des Séminaires de Turin et de S. Benigne.*	Vacance de la chaire des humanités à S. Benigne, jusqu'au 19 frimaire	»	131	13	4			
		Mort du pensionnaire Castelli le 28 floréal	»	48	16				
		Chanoines de S. Benigne *	»	1100					
		Vice-curé de Lucedio	»	450					
			»	1730	9	4	» 1730	9	4
Chap. VII.	*Appointemens des économes et des employés dans les différens domaines.*	Diminution de deux garde-bois	»	460					
		Réduction du traitement de l'économe de S. Benigne, de 200 à 120 fr. par an	»	80					
		Vacance du 1.er vendémiaire de la place d'économe à Banda	»	7	4	6			
			»	547	4	6	» 547	4	6
							» 8004	15	3

* On ne paye rien auxdits Chanoines, ainsi qu'au Vice-curé de Lucedio, quoiqu'ils soient portés sur le bilan, par motif de quelques rentes particulières dont ils jouissent: lesquelles rentes doivent, à ce que l'on assure, appartenir à l'Athénée.

ÉTAT, c'est-à-dire à l'expiration

des dettes de l'an 10 . . . . » 61727

l'an 9 . . . . » 11992 4 4

Casanova pour l'an 9 . . . . . » 10059 16 2

l'hôpital de Carmagnole . . . » 1581 5

du ci-devant trésorier Franzeri . . . » 351 3 2

                                   » 11992 4 4

des dettes des années 9 et 10 . . . . . . » 73719 4 4

OBSERVATIONS.

cessité de faire juger les questions d'indemnité et de remboursemens élévés
les fermiers, ou de s'arranger à l'amiable, avait été reconnu
l'ancien Conseil Supérieur de l'Athénée. Il résulte des procès-verbaux d
ces du 5 et 17 fructidor an 10, que ce Conseil a cru convenable de s'
porter, à l'égard des fermiers de Casanova, à une décision d'arbitres, et q
neur du compromis fut par lui approuvée. Cette décision intervient le 5 flore
11, et adjugea aux fermiers les compensations ci-dessus rapportées.

D.

ÉTAT des sommes, qui à l'époque du 30 nivôse an 11, c'est-à-dire à l'expiration de l'année financière 10, restèrent à payer pour l'exercice de cette année et de l'année précédente.

<table>
<tr><td colspan="2">N.^{os} des Chapitres du compte rendu.</td></tr>
</table>

CHAP. III. Assignations au Prytanée, à l'Académie, et à l'École vétérinaire		» 5705 5
Au citoyen Actis bibliothècaire, pour frais	» 750	
A l'imprimeur Buzano, pour les traités du professeur Brugnone	» 1003	
Au citoyen Toggia ancien professeur de l'école vétérinaire, pour le 2.e trimestre an 10	» 250	
Au citoyen Brugnone professeur de l'école vétérinaire, pour le susdit trimestre an 10	» 330	
Au citoyen Givaccio menuisier, pour réparations faites à l'école vétérinaire	» 197 10	
A l'Imprimerie Philantropique, pour l'impression du traité du professeur Rossi	» 1550 10	
A l'Académie des sciences, pour le muséum d'histoire naturelle	» 1200	
Au charpentier Masazza, pour frais rélatifs à l'école de sculpture	» 424 5	
	» 5705 5	
CHAP. V. Pensions viagères aux Minimes		» 256 2 6
Aux ci-devant Minimes Bellotti	» 82 10	
Cuttica	» 30 5	
Ghiga	» 64 12 6	
Motta	» 78 15	
	» 256 2 6	
CHAP. VI. Assignations et pensions viagères particulières aux Séminaires de Turin, et de S. Benigne		» 2276 5
A plusieurs pensionnaires desdits Séminaires	» 2276 5	
CHAP. VII. Frais pour les domaines, y compris les appointemens des économes et autres employés		» 6323
Au garde-bois de Stupinis Tesio	» 401 2 6	
Au chapelain de S. Antoine de Ranverso	» 65	
A Rosso autre garde-bois de Stupinis	» 121 2 6	
A l'hôpital de Carmagnole, pour aumône fixée dans le bilan	» 1897 10	
A l'économe de Collegno	» 814	
Au chapelain de Parpaglia	» 262 3	
A l'économe de Stupinis	» 275	
Au chef garde-bois de Stupinis	» 170	
A l'économe de S. Antoine de Ranverso	» 1187 17 6	
A Valletto, pour formation de bûches	» 237 2 6	
Au fermier de Truffarello, pour frais	» 168 2	
Au fermier Scaraffia, pour frais	» 275	
A l'économe de Staffarda, pour solde du compte	» 449	
	» 6323	
CHAP. VIII. Impôts		» 6708 18 3
Aux percepteurs de — Poirino	» 91 5 1	
S. Raphael	» 449 10	
Villar Fochiardo	» 277 2 6	
Revigliasco	» 206 13	
Rivera	» 784 12	
Barge	» 284 1 8	
S. Antoine de Ranverso	» 4361 18	
Savillan	» 253 16	
	» 6708 18 3	» 21269 10 9

Somme ci-contre		» 21269 10 9
CHAP. IX. Réparations		» 12312 18 3
Au fermier Vachetta pour réparations au four de Casanova	» 300 10 5	
Au même	» 463 8	
A plusieurs maçons pour réparations faites aux maisons de Turin	» 2728 1 5	
Pour réparations faites aux maisons de S. Antoine de Ranverso	» 3291 18 5	
Pour réparations faites aux maisons de Stupinis et Vinovo	» 1203 1	
A l'architecte Griffa pour indemnité	» 223	
Au citoyen Parodi pour pierres	» 57	
Au vitrier Deangioli pour vitres au Valentin	» 506 14	
Au vitrier Ferraris pour vitres à l'Athénée	» 227 2	
Au maçon Gillardini pour réparations au Valentin	» 609 19 6	
A l'architecte Mercandino	» 638	
Au forgeron de Stupinis	» 243 15	
Au maçon Bocca	» 918 16	
Au même	» 143 4	
Au forgeron Griffa	» 19 6	
A l'économe de Collegno pour réparations	» 720 7 6	
Au locataire Seraphin pour remboursement de réparations	» 18 10	
	» 12312 18 3	
CHAP. X. Dépenses imprévues non comprises dans le bilan		» 189
Au chapelain de Revigliasco pour messes célébrées en l'an 9	» 189	
CHAP. XII. Compensations et remboursemens aux fermiers non compris dans le bilan		» 27955 16
Aux fermiers de Casanova pour l'an 10	» 20000	
Aux mêmes fermiers pour l'an 10	» 239 15	
Aux mêmes fermiers pour l'an 9	» 4537 7	
Aux fermiers de Vinovo	» 448 14	
— — de Villar Fochiardo	» 2730	
	» 27955 16	
TOTAL des dettes de l'an 10		» 61727
Dettes de l'an 9		» 11992 4 4
Impôts de Casanova pour l'an 9	» 10059 16 2	
Aumône à l'hôpital de Carmagnole	» 1581 5	
Traitement du ci-devant trésorier Franzeri	» 351 3 2	
	» 11992 4 4	
TOTAL des dettes des années 9 et 10		» 73719 4 4

OBSERVATIONS.

La nécessité de faire juger les questions d'indemnité et de remboursemens élévés par les fermiers, ou de s'arranger à l'amiable, avait été reconnue par l'ancien Conseil Supérieur de l'Athénée. Il résulte des procès-verbaux des séances du 5 et 17 fructidor an 10, que ce Conseil a cru convenable de s'en rapporter, à l'égard des fermiers de Casanova, à une décision d'arbitres, et que la teneur du compromis fut par lui approuvée. Cette décision intervient le 5 floréal an 11, et adjugea aux fermiers les compensations ci-dessus rapportées.

s les années 9.

Total	5381. 1. 4.		2360. 8. 4.	8572. 6. 6.	12494. 12. 0.	104294. 15. 2.			
Compte	3071. 8. 2.	87. 1. 6.	1757. 0. 0.	115683. 0. 0.	15262. 17. 1.	65321. 12. 3.			
Total		230. 13. 0.		45					
Total d	8452. 9. 6.		4097. 8. 4.	4255. 6. 6.	25757. 9. 1.	169616. 7. 5.			
Dettes	689. 19. 0.	14. 1. 6.	246. 1. 0.	4 68. 8. 0.	9823. 9. 10.	13960. 7. 2.			
Total		244. 14. 6.		47					
Total	9142. 8. 6.		4543. 9. 4.	4323. 14. 6.	35580. 18. 11.	183576. 14. 7.			
L'on déd									
Total d		244. 14. 6.		4					

E.

TABLEAU DES DENRÉES ACHETÉES, ET AUTRES DÉPENSES

faites pour le Prytanée de Turin dans les années 9. 10. et 11.

	FROMENT	FARINE	Prix	VIANDE			VIN		FRUIT		HUILE		BEURRE		RIZ		FROMAGE		FOURNITURES	EMPLOYÉS	DÉPENSES non comprises dans le précédent article	TOTAL
	Emines	Rubs		Rubs	Veaux	Prix	Brentes	Prix	Rubs	Prix	Rubs	Prix	Rubs	Prix	Emines	Prix	Rubs	Prix				
Janvier	53. 0. 0		569. 5. 0						50. 17. 0	69. 7. 6									90. 0. 0	18. 6. 8	191. 9. 4	958. 8. 6
Février	92. 0. 0		950. 13. 8	32. 10. 8		250. 7. 8			81. 16. 1/2	208. 18. 0			7. 17. 6	115. 10. 0	10. 0	90. 0. 0			1469. 13. 8	56. 12. 0	58. 10. 0	5020. 6. 10
Mars	197. 0. 0		2444. 2. 6	142. 13. 6		979. 18. 10	36. 18. 0	779. 0. 0	88. 5. 1/2	507. 0. 0	34. 25. 1/2	744. 13. 0	16. 9. 0	215. 8. 0	20. 0	225. 15. 0	68. 0. 0	620. 9. 0	1504. 2. 8	405. 2. 8	162. 14. 0	9123. 18. 8
Avril	207. 4. 0		2543. 0. 0	159. 7. 6		1095. 5. 6	35. 0. 0	600. 0. 0	52. 16. 1/2	159. 15. 0	8. 13. 0	183. 5. 6	4. 6. 0	5. 4. 0					871. 2. 4		551. 15. 0	5787. 2. 6
Mai	148. 4. 0		1564. 17. 6	40. 16. 6		279. 5. 0	2. 9. 0	611. 10. 0			7. 11. 0	159. 19. 2	15. 8. 6	171. 0. 0	20. 0	123. 15. 0			1349. 15. 4		425. 7. 10	4114. 10. 0
Juin	49. 1. 0	154. 0. 0	1461. 13. 0				61. 52. 0	1475. 2. 6											18. 10. 0		349. 11. 2	5500. 16. 8
Juillet	29. 0. 0		204. 17. 6	130. 12. 6		2533. 10. 10	26. 9. 0	656. 0. 0	40. 18. 0	161. 1. 6	12. 9. 0	272. 15. 0	11. 10. 0	162. 19. 10	64. 0	527. 0. 0	157. 19. 6	917. 5. 0	1174. 16. 7	659. 18. 0	954. 6. 4	8084. 13. 2
Août	85. 5. 0		486. 0. 0	509. 1. 6		453. 6. 6			5. 10. 10	12. 4. 6	2. 12. 6	62. 0. 0	17. 23. 1/2	292. 5. 6	13. 6	94. 12. 6	35. 5. 4	552. 1. 6	543. 11. 0	915. 2. 6	1079. 15. 0	4069. 1. 0
Septembre à tout vendém. an 10				47. 12. 9		526. 12. 4	35. 9. 0	803. 2. 6	7. 0. 0	28. 17. 0	5. 0. 0	15. 0. 0			4. 0	39. 7. 6	5. 21. 6	105. 6. 4	440. 16. 6		277. 18. 10	1972. 16. 0
Brumaire				51. 11. 0		198. 2. 6	88. 29. 1/2	1138. 14. 6	7. 1. 6	15. 9. 6	30. 22. 0	742. 9. 0	6. 13. 6	123. 3. 0	11. 0	101. 10. 0	16. 11. 6	160. 6. 6	1090. 14. 8	312. 0. 0	1591. 18. 0	5524. 7. 8
Frimaire	80. 0. 0	140. 0. 0	1042. 4. 2				280. 72. 1/2	3496. 5. 0	2. 0. 0	108. 5. 6	30. 11. 6	545. 3. 8	10. 6. 6	185. 13. 6	20. 0	185. 0. 0			1144. 8. 4	80. 0. 0	1017. 9. 8	8980. 9. 10
Nivôse	281. 0. 0	181. 0. 0	2719. 6. 4			5854. 13. 0	6. 0. 0	143. 0. 0	6. 18. 0	143. 0. 0	29. 15. 6	704. 15. 0	23. 9. 0	439. 12. 0	136. 2	1187. 14. 6	45. 19. 6	737. 6. 6	1573. 11. 4	632. 7. 4	527. 7. 4	10767. 5. 4
Pluviôse	472. 0. 0		5773. 5. 6				66. 77. 0	643. 0. 0	221. 22. 6	464. 1. 6	42. 10. 6	983. 11. 6	23. 9. 0	439. 12. 0	136. 2	1187. 14. 6			1438. 13. 0	2432. 13. 4	1792. 4. 10	15250. 14. 2
Ventôse	100. 0. 0		810. 0. 0		97.	534. 16. 0			4. 5. 0	16. 4. 6	14. 3. 0	195. 6. 0	11. 16. 0	219. 15. 0					1541. 18. 0	50. 0. 0	748. 9. 6	4086. 9. 0
Germinal	58. 6. 0		597. 17. 6				65. 18. 0	799. 5. 0	2. 16. 0	195. 7. 6	15. 18. 6	306. 13. 6	2. 16. 0	43. 8. 0					1538. 5. 0		185. 8. 2	3462. 3. 8
Floréal	69. 0. 0	446. 0. 0	2468. 4. 10				118. 18. 0	1285. 0. 0	1. 1. 0	138. 4. 6	20. 20. 0	330. 11. 0	14. 9. 0	257. 6. 6					1175. 5. 0		402. 5. 4	5920. 15. 8
Prairial						1979. 3. 6	65. 18. 0	281. 10. 0	2. 6. 6	168. 5. 0			2. 14. 0	41. 16. 0	15. 0	197. 10. 0			1059. 6. 0	10. 0. 0	187. 0. 10	3877. 11. 4
Messidor	19. 0. 0		115. 2. 6			1147. 9. 0	23. 27. 0	172. 0. 0	659. 21. 6	188. 0. 0			19. 6	13. 13. 0					649. 17. 0	5016. 4. 0	1252. 1. 8	7170. 7. 2
Total des denrées	1965. 2. 0	921. 0. 0		885. 10. 9	97		909. 3. 0				947. 10. 0		443. 11. 6		313. 6		109. 2. 4		1248. 6. 10			2427.
Total des prix			21947. 8. 0			15412. 10. 10		13200. 14. 6		5062. 1. 0		5381. 1. 4		3560. 8. 4		1870. 4. 6		1162. 1. 10	19111. 6. 4	8572. 6. 6	12494. 12. 0	104794. 15. 2
Compte du citoyen Girod au 11	1308. 4. 6		9955. 2. 0			10811. 10. 6	645. 97. 0	5597. 12. 10	689. 8. 6	1209. 3. 2	160. 8. 4	2071. 8. 2	87. 1. 6	1757. 0. 0	216. 0	979. 5. 0	129. 19. 9	2961. 14. 0	10487. 1. 6	5685. 0. 0	13262. 17. 0	93511. 12. 3
Total des denrées pour les 3 années	3271. 6. 1/2	921. 0. 0		885. 10. 9			1552. 50. 0		697. 18. 4		150. 13. 0		150. 0		495. 22. 1		1857. 15. 4					407.
Total des prix connus ci-dessus			31902. 10. 0			24724. 7. 4		8698. 5. 4		3477. 4. 2		8472. 19. 8		4097. 8. 4		3809. 9. 6		649. 15. 10	17598. 7. 10	14255. 6. 6	25757. 9. 1	166618. 7. 5
Dettes							68. 17. 0	54. 18. 0	268. 15. 0	293. 24. 6	720. 5. 0	55. 15. 6	629. 19. 0	14. 1. 6	246. 1. 0	47. 0	339. 0. 0	75. 10. 7	1244. 7. 5	491. 6. 11	68. 8. 0	13960. 7. 2
Total général des denrées	3271. 6. 1/2	921. 0. 0		885. 10. 9			1587. 12. 0		2191. 12. 10		441. 8. 10		544. 14. 6		477. 0		175. 7. 8					441.
Total général des prix			31902. 10. 0			24282. 18. 4		18557. 0. 4		4191. 7. 2		9142. 8. 6		4153. 9. 4		4108. 9. 6		7594. 5. 3	19989. 24. 9	14302. 14. 6	35580. 11. 6	183576. 14. 7
L'on déduit les denrées restées en fonds	2. 4. 0	72. 12. 6					151. 9. 0				17. 24. 6				6. 0		6. 14. 0					
Total des denrées consommées	3269. 2. 1/2	848. 12. 6		885. 10. 9			1436. 3. 0		2191. 12. 10		418. 9. 4		544. 14. 6		473. 0		168. 18. 8					428.

DÉMONSTRATION QUANTITÉ DE PAIN

JOURNELLÉMÉ AU PRYTANÉE

depuis le 1.ᵉʳ floré: 15. messidor an 11.

MOIS	N.° des journées des ÉLÉVES.		PAIN CONSUMÉ JOURNELLÉMENT PAR CHACUN.			OBSERVATIONS.
Floréal	5556.	on.	I.	3.	$\frac{221}{463}$.	
Prairial	5o52.		I.	2.	$\frac{220}{421}$.	
Messidor	181o.			II.	$\frac{158}{905}$.	
TOTAL. . .	12418.	Moyen. I.		2.	$\frac{2876}{6209}$.	

DÉMONSTRATION DE LA QUANTITÉ DE PAIN

JOURNELLÉMENT CONSUMÉ AU PRYTANÉE

depuis le 1.er floréal à tout le 15. messidor an 11.

MOIS	N.° des journées des ÉLÉVES.	PAIN CONSUMÉ.		PAIN CONSUMÉ JOURNELLÉMENT PAR CHACUN.			OBSERVATIONS.
Floréal	5556.	℞. 286.	16.	on. 1.	3.	$\frac{221}{463}$	
Prairial	5052.	244.	14.	1.	2.	$\frac{220}{421}$	
Messidor	1810.	67.	12.		11.	$\frac{168}{905}$	
TOTAL...	12418.	598.	17.	Moyen. 1.	2.	$\frac{2876}{6209}$	

DÉMONSTRATION DE QUANTITÉ DE PAIN

CONSOMMÉE JOURNELLEMENT (PRYTANÉE)

depuis le 1.er floréal à messidor an 11.

MOIS	N.° des journées des élèves	PAIN consommé journellement par chacun				OBSERVATIONS.
Floréal	5555	[illegible]				
Prairial	5053	[illegible]				
Messidor	1810.	67.				
TOTAL...	12418.	593.				

DÉPENSE.

A 737. 0. 0.	939. 5. 0.	2967.14. 0.	10287. 1. 6	5683. 0. 0	13262. 17. 1.	65321. 12. 3.
1097. 8. 4.	3809. 9. 6.	6149.15.10	29398. 7.10	14255. 6. 6	25757. 9. 1.	169616. 7. 5.
D 246. 1. 0.	359. 0. 0.	1244. 7. 5.	491. 6.11	68. 8. 0	9823. 9.10	13960. 7. 2.
343. 9. 4.	4168. 9. 6.	7394. 3. 3.	29889. 14. 9.	14323. 14. 6.	35580. 18.11	183576. 14. 7.

la colonne des dépenses on a compris les différentes restitutions, faites
pensionnaires, du surplus qu'ils avaient payé d'avance.

J.

TABLEAU GÉNÉRAL DE LA RECETTE ET DÉPENSE DU PRYTANÉE DE TURIN

dans les années 9. 10. et 11.

RECETTE.

	FONDS de Caisse	RECOUVREMENTS FAITS — Par les Trésoriers	RECOUVREMENTS FAITS — Par le citoyen Giraud	PENSIONS.	VENTES.	LOYERS.	TOTAL.
An 9 (1801) Janvier	516. 4. 6	1802. 11. 4					2318. 15. 10
Février		1719. 12. 0			1700. 0		3419. 12. 0
Mars		1656. 0. 0	5818. 4. 2		360. 0		7834. 4. 2
Avril		2200. 0. 0	2650. 0. 0	450. 0. 0	354. 0		5654. 0. 0
Mai		300. 0. 0	3642. 10. 0	171. 6. 8			4113. 16. 8
Juin			3044. 5. 10	398. 13. 4	492. 16	37. 10	3973. 5. 2
Juillet			9187. 10. 0	248. 6. 8	10. 10		9446. 6. 8
Août			4000. 0. 0				4000. 0. 0
Septembre			500. 0. 0	100. 0. 0	106. 0		706. 0. 0
Total	516. 4. 6	7678. 3. 4	28842. 10. 0	A. 1368. 6. 8	3023. 6	37. 10	41466. 0. 6
An 10 Brumaire			6000. 0. 0	3828. 10. 0	234. 10		10063. 0. 0
Frimaire			4500. 0. 0	3100. 0. 0			7600. 0. 0
Nivôse		7000. 0. 0		921. 6. 8	45. 0		7966. 6. 8
Pluviôse		7812. 10. 0	2475. 2. 6	B. 3438. 6. 8			13725. 19. 2
Ventôse					1401. 0		1401. 0. 0
Germinal		2000. 0. 0	500. 0. 0	825. 0. 0			3325. 0. 0
Floréal		6500. 0. 0		1086. 10. 0			7586. 10. 0
Prairial		1156. 5. 0		1111. 10. 0			2267. 15. 0
Messidor		5531. 5. 0		1151. 13. 4			6682. 18. 4
Total	516. 4. 6	37678. 3. 4	42317. 12. 6	16801. 3. 4	4703. 16	37. 10	102034. 9. 8
An 11		46868. 15. 0		C. 21199. 0. 0			68067. 15. 0
Total	516. 4. 6	84546. 18. 4	42317. 12. 6	38000. 3. 4	4703. 16	37. 10	170122. 4. 8
Dettes							13960. 7. 2
Total							184082. 11. 10

DÉPENSE.

	FROMENT.	VIANDE.	VIN.	FRUIT.	HUILE.	BEURRE.	RIZ.	FROMAGE.	FOURNITURES.	EMPLOYÉS.	DÉPENSES * non comprises dans les précédents articles.	TOTAL.
An 9 Janvier	569. 5. 9			69. 7. 6					90. 0. 0	18. 6. 8	191. 9. 4	938. 8. 6
Février	960. 13. 8	250. 7. 8		228. 18. 0		115. 10. 0	90. 0. 0		1469. 15. 6	66. 12. 0	68. 10. 0	3220. 6. 10
Mars	2464. 2. 6	979. 18. 10	779. 0. 0	307. 0. 0	744. 13. 0	245. 8. 0	223. 15. 0	620. 0. 0	2504. 2. 8	403. 2. 8	162. 14. 0	9413. 16. 8
Avril	2643. 0. 0	1095. 3. 6	600. 0. 0	159. 13. 0	183. 3. 6	3. 4. 0			871. 2. 4		331. 16. 2	5787. 2. 6
Mai	1564. 17. 6	279. 5. 2	40. 10. 0		159. 19. 2	171. 0. 0	123. 15. 0		1349. 15. 4		426. 7. 10	4114. 10. 0
Juin	1461. 13. 0		1473. 2. 6						18. 10. 0		349. 11. 2	3302. 16. 8
Juillet	204. 17. 6	1633. 19. 10	655. 5. 0	161. 1. 6	272. 16. 0	162. 19. 10	597. 0. 0	907. 3. 0	1174. 16. 2	639. 18. 0	954. 6. 4	8284. 13. 2
Août	485. 0. 0	433. 8. 6		12. 4. 6	62. 0. 0	292. 5. 6	94. 12. 6	552. 1. 6	343. 11. 0	913. 2. 6	1079. 15. 0	4269. 1. 0
Septembre		326. 12. 4	693. 2. 6	28. 17. 0	159. 15. 0		39. 7. 6	105. 6. 4	440. 16. 6		277. 18. 10	1971. 16. 0
Total	10224. 9. 2	5898. 6. 10	4142. 0. 0	967. 1. 6	1582. 5. 8	990. 7. 4	1168. 10. 0	4184. 10. 10	8262. 9. 6	2061. 1. 10	3821. 8. 8	41302. 11. 4
An 10 Brumaire		198. 2. 6	1188. 14. 6	15. 9. 6	742. 9. 0	123. 3. 0	101. 10. 0	260. 6. 6	1090. 14. 8	312. 0. 0	1591. 18. 0	5674. 7. 8
Frimaire	1242. 4. 2		3495. 5. 0	108. 6. 6	545. 3. 8	187. 13. 6	185. 0. 0		1144. 8. 4	80. 0. 0	1995. 9. 8	8980. 9. 10
Nivôse	2719. 6. 4	3854. 13. 0	143. 0. 0	16. 1. 6	704. 17. 0	60. 17. 0		737. 4. 6	1373. 17. 4	630. 7. 4	627. 7. 4	10767. 5. 4
Pluviôse	3773. 3. 6		643. 0. 0	464. 1. 6	883. 11. 6	439. 12. 0	1287. 14. 6		1435. 12. 0	2432. 13. 4	1793. 4. 10	13152. 14. 2
Ventôse	810. 0. 0	384. 16. 0		26. 4. 6	395. 6. 0	219. 15. 0			1341. 18. 0	30. 0. 0	728. 9. 6	4086. 9. 0
Germinal	597. 17. 6		790. 5. 0	193. 7. 6	306. 17. 6	43. 5. 0			1338. 3. 0		183. 8. 2	3462. 3. 8
Floréal	2465. 4. 10		1285. 0. 0	135. 4. 6	220. 11. 0	237. 6. 6			1175. 5. 6		402. 3. 4	5920. 15. 8
Prairial		1979. 3. 6		281. 10. 0	148. 6. 0	44. 16. 0	117. 10. 0		1999. 6. 0	10. 0. 0	187. 0. 10	3877. 11. 4
Messidor	115. 2. 6	1147. 9. 0	773. 0. 0	188. 0. 0		13. 13. 0			649. 17. 0	3025. 4. 0	1057. 1. 8	7170. 7. 2
Total	21947. 8. 0	13412. 10. 10	18700. 14. 6	2262. 1. 0	5381. 1. 4	2360. 8. 4	2870. 4. 6	3182. 1. 10	19111. 6. 4	8572. 6. 6	12494. 12. 2	104294. 15. 2
An 11	9935. 2. 0	10811. 10. 6	6397. 10. 10	1309. 3. 2	3071. 8. 2	1737. 0. 0	939. 6. 0	2967. 14. 0	10287. 1. 6	5683. 0. 0	13262. 17. 7	65321. 12. 3
Total	31902. 10. 0	24224. 1. 4	18098. 5. 4	3471. 4. 2	8452. 9. 6	4097. 8. 4	3809. 9. 6	6149. 15. 10	29398. 7. 10	14255. 6. 6	16767. 9. 1	169616. 7. 4
Dettes		68. 17. 0	258. 15. 0	720. 3. 0	689. 19. 0	246. 1. 0	369. 0. 0	1244. 7. 5	491. 6. 11	68. 8. 0	9823. 9. 10	13960. 7. 2
Total	31902. 10. 0	24282. 18. 4	18357. 0. 4	4191. 7. 2	9142. 8. 6	4343. 9. 4	4168. 9. 6	7394. 3. 3	29889. 14. 9	14323. 14. 6	35580. 18. 11	183576. 14. 7

A. Y compris 325. ll. payées par les citoyens Eustachio, Farina, Vacca et Franchi pour leur entretien pendant les vacances ; ce qui n'est pas porté dans le registre des pensionnaires.

B. Y compris 50. ll. payées par le citoyen Eustachio pour son entretien dans le mois d'octobre.

C. Y compris 1368. ll. payées par les élèves pour frais de blanchissage ; 178. ll. 6. 8. pensions arriérées de l'an 10 ; et 16. ll. 16. 4. payées par les citoyens Oseo et Baraiza, qui ne sont restés au Prytanée, que une seule mois. Ces 16. fr. 16. 5. sont portés dans le compte de l'an 11 du citoyen Giraud, mais non dans le registre des pensionnaires.

* Dans la colonne des dépenses on a compris les différentes restitutions, faites aux pensionnaires, du surplus qu'ils avaient payé d'avance.

TABLEAU GÉNÉRAL DE L

RECETTE

	FONDS de Caisse.	ENCOURAGEMENTS PAYÉS		PENSIONS.		
		Par la 1re Tradition	Par la chaque Grand			
Janvier						
Février						
Mars						
Avril						
Mai						
Juin						
Juillet						
Août						
Septembre